SECRETS
AT THE
WORLD'S
EDGE

Science's Surprising Answers to Life

世界边缘的秘密

科学对生命的惊人回答

光子　著　　　　　　中信出版集团｜北京

图书在版编目（CIP）数据

世界边缘的秘密 : 科学对生命的惊人回答 / (美)
光子著. -- 北京 : 中信出版社, 2019.7（2021.4 重印）
　ISBN 978-7-5217-0548-5

　Ⅰ . ①世… Ⅱ . ①光… Ⅲ . ①科学哲学－普及读物
Ⅳ . ①N02-49

　中国版本图书馆CIP数据核字(2019)第086845号

世界边缘的秘密——科学对生命的惊人回答

著　　者：光子
出版发行：中信出版集团股份有限公司
　　　　　（北京市朝阳区惠新东街甲4号富盛大厦2座　邮编　100029）
承 印 者：上海盛通时代印刷有限公司

开　本：670mm×970mm　1/16　　印　张：18.25　　字　数：99千字
版　次：2019年7月第1版　　　　　印　次：2021年4月第4次印刷
广告经营许可证：京朝工商广字第8087号
书　号：ISBN 978-7-5217-0548-5
定　价：68.00元

献 给

妻子 杨 悦

女儿 王思晴

目录

序

周昌乐

受邀为这部书写序。坦白地说，起先我是不太情愿的，勉强答应为期两个月，先把书稿通读一遍再说。于是，利用差旅中的空闲时间，开始阅读书稿。

令我意外的是，打开书稿没读几页，就被深深吸引住了。于是一口气就差不多读了一半，竟然忘了就餐，所谓废寝忘食矣。要不是有乐易讲习活动要去主持，说不定真的会一气读完。第二天，在结束了杭州新书分享活动之后，利用空余时间，甚至加上返程候机时间，终于读完了剩余的部分。于是，居然只用了两天就读完了原打算读两个月的书稿。

我此生阅书无数，可以毫不夸张地说，这部读物无疑是一部上乘之作！作者通过巧妙的构思，用娓娓道来的风格，将东方与西方、人文与科学，纳入到那支生花笔下，可谓精妙绝伦。通俗而不失精彩、内容厚实而又引人入胜，是一部难得的东西方文化思想融会贯通之作。这部读物，探讨了万物之理，种种边缘，无极之谜，最后归结到了意识之己，主体本性之上。从这个角度讲，这部读物也可以称之为"寻找世界边缘的通俗思想史"。

作者笔名"光子"，象征着宇宙的信使，也有寓意。须知，我们只能通过光子来观察世界，别无他途！况且，字字玑珠，如果借用书中的字句来说，这光子还是那有点"狡猾"的光子，当然它也是有着"光之灵"的。因为，光子不但是信使，而且自带能量，也是宇宙事件发生发展的动因。

更为欣喜的是，我与作者虽然未曾谋面，却似乎神交已久，有着相同的思想立场。孔子说："德不孤，必有邻。"信乎哉！我约从 2000 年出版《无心的机器》开始，就一直关注科学与人文的沟通问题，出版了《禅悟的实证：禅宗思想的科学发凡》（2006）等不少书籍。其中，与这部书思想内容最为相近的，大概就是《明道显性：沟通文理讲记》（2016）了。但说心里话，《明道显性》远不如光子的这部书通俗精彩、生动有趣。或许，可以作这样的安排，把其看作是读懂《明道显性》最佳的先导性读物，因此我极力推荐广大读者优先阅读这本书。

衔尾蛇 太极鱼

为此，下面我将用我自己的叙述方式来介绍这部书的大致核心思想与内容。

首先，按照我的理解，这部书的核心思想可以用图 A 来加以说明。在图 A 中，外圈是一条"奥拉波鲁斯"（Ouroborus）蛇，俗称衔尾蛇，是古埃及和希腊神话中一种有象征意义的蛇，象征不断的自我吞食和再生。在这条衔尾蛇身的不同部位，附加上宇宙不同尺度所代表的事物，即可以寓意万物的统一性，包括物质和精神的统一性。图 A 的内圈是先天太极图，因形状如双鱼，俗称太极鱼，代表中国古代对万物统一性的认识，即阴阳互根之道。

图 A　先天太极缘起宇宙万有图　　　　图 B　八卦分区示意图

　　注意，我们这里采用的不是常见的阴阳太极图，而是先天太极图，据传为五代陈抟所作，也称万物生成图。作为先天太极图，其蕴意是："一阴一阳之谓道，继之者善也，成之者性也。"（《周易·系辞上》）强调的是阴阳互根，贯穿于天道到心性之中。而作为万物生成图的蕴意则是："是故易有太极，是生两仪。两仪生四象，四象生八卦。八卦定吉凶，吉凶生大业。"（《周易·系辞上》）强调的是万物生成之法则。

　　需要补充说明的是，万物生成图，构思巧妙，整体一个　代表太极，黑白两鱼代表阴阳两仪（白色为阳，黑色为阴），再加上阴中所藏小白鱼和阳中所藏小黑鱼（注意它们的形态是缩小的两仪，寓意跨越尺度的自相似性），便成四象。进一步，如果将整个圆等分为八个分区，如图 B 所示，则刚好对应八卦之象：全白为乾卦，全黑为坤卦；多白少黑为兑卦，多黑少白为艮卦；白黑白相间为离卦，黑白黑相间为坎卦；少白多黑为震卦，少黑多白为巽卦。所以，这幅先天太极图，最能反映古代中国对万物之理的认识：在宇宙不同尺度，大到整个宇宙，小到量子尺度，都满足一阴一阳之谓的"道"。

在图 A 中，我们将太极鱼与衔尾蛇两图相互叠加，试图将东西方关于认识天道规律的思想结合起来，从而表达这样一种全新的理念图景：遵循西方传统的科学成就可以通过画一条衔尾蛇来加以象征，这条蛇自己把自己的尾巴吞食着，这就是量子宇宙与宏观宇宙的互回关系；而遵循中国古代的天道思想则可以通过画一条太极鱼来加以象征，这条鱼就是支配宇宙之衔尾蛇任何一处截面的根本法则。阐明了图 A 蕴意，现在我们就从人的尺度作为起点，从图 A 的逆时针转动看世界的边缘，来解读这部读物的主要思想内容。

首先从人的尺度开始探索所处的世界（图 A 中 6 点钟方向，坤卦，人道），代表人物就是这部读物中的夸父，其肉眼视野所及，便是山川河流，以及映入眼帘的日月星辰之映像，得出的主观认知便是地是平坦的，太阳从东到西运动，他要去追赶太阳，结果以失败告终。于是，中国古人所看到的世界就是一个"大平板"，半径大约为 4000 公里（10^5cm），后来据此形成的学说就是所谓的"天圆地方"的"盖天说"（图 A 中 5 点钟方向）。

接着，在古希腊公元前 500 年左右，毕达哥拉斯则认为世界是球形的，2、3 百年后，阿基米德认为这个天球半径为 18 亿公里。差不多与此同时，中国战国时代也提出了浑天说，认为天地都是球状的。到了公元 100 年，托勒密提出了地心说，人类观察到的世界边缘扩大到 10^{10}cm 的尺度（图 A 中 4 点钟方向）。

到了公元 1543 年，哥白尼写出了《天球运行论》，正式提出日心说。后来牛顿发展了日心说，他们认识的世界更为广阔，从地球扩大到了太阳系，尺度也就扩大到了 10^{15}cm 的范围（图 A 中 3 点钟方向）。

　　进一步，英国的赫歇尔（1738—1822）利用自制的望远镜观察天象，算出了更大尺度的银河系，半径达 4300 光年，世界边缘的尺度一下子扩大到了 10^{20}cm 以上（图 A 中 2 点钟方向）。后来，现代科学家沙普利给出的银河系范围半径更是达到了 5 万光年。

　　接下来，美国天文学家哈勃观察到了多星系的宇宙尺度，半径扩大到了 30 亿光年。现在我们知道宇宙直径大约 920 亿光年，含有 1000 亿个星系，世界的边缘超越了 10^{25}cm 范围（图 A 中 1 点钟方向）。宇宙时空也从牛顿时代的绝对论，走向了爱因斯坦的相对论。观察者、引力与时空，也变得难以分离，宇宙整体不可分割。宇宙是一个封闭的"四维超球体"，其空间便是这个球体的三维球面，具有"有限无边"的性质。

　　科学家在探测宇宙边缘的过程中，发现宇宙一直在不断膨胀。于是，就有了宇宙大爆炸理论。在哈勃和赫马森研究的基础上，比利时的勒梅特（1894-1966）认为宇宙从一个奇点爆炸而来。现在科学认为，宇宙的半径可能比 460 亿光年还要大，而这个奇点就是量子真空，尺度在 10^{-33}cm。正是这个量子尺度的奇点，通过爆炸产生了我们宏观的宇宙（图 A 中 12 点钟方向，乾卦，天道）。

　　巧合的是，战国时代的惠子就说过："至大无外，谓之大一；至小无内，谓之小一。"世界的边缘，最后居然真的统一到了这个"至大至小"和"无内无外"相互叠加的"一"（整体关联性）之上。于是，对世界边缘的探寻也进入了自我吞食的怪圈（奥拉波鲁斯蛇）。

　　如果我们沿着图 A 中 12 点钟方向左行，开启"至小无内"

的追问，去探寻那万物内在的边缘，尺度进入到 10^{-10}cm — 10^{-20}cm 范围（图 A 中 9-11 点钟方向），属于量子理论考察的范畴。而此时，根据量子理论的基本原理，从根本上讲，都无法逃脱阴阳互根之说，就是先天太极图所喻示的根本阴阳互根之道。量子理论所揭示的结论就是：波粒二象性、物质与反物质并存、对易物理量的测不准原理、量子纠缠，以及根本上的量子并协原理，等等。甚至，返回到宇宙尺度，由于宇宙源自量子真空的大爆炸，也要遵循量子并协原理，于是物质宇宙与精神宇宙也必定是并协而生。

为了论述这种与东方哲学思想殊途同归的并协原理，这部书用了不少笔墨，通过阴阳太极图，给出了众多的互补性概念对：梵与幻、空与色、道无与物有、阿派朗与万物、正能量与负能量、一与可见世界，如此等等，总之都归结为"概率波与粒子态"的纠缠叠加。

应该说，正是如此神奇的量子世界，构成了我们的生物大分子形成的基础（图 A 中 8 点钟方向），从而进一步自组织创生了生命单元——细胞（图 A 中 7 点钟方向）。而我们人体正是由细胞构成，并伴随产生了我们的意识活动。我们又回到了人类观察的尺度（图 A 中 6 点钟方向），而正是人类的意识，又可以观察并思考万物之理。

其实在图 A 中，如果说外围自我吞食之蛇，代表的是西方科学对万物之理的刻画，那么中心阴阳互根之鱼，就是东方玄学对万物之理的洞见。两者殊途同归，统一到了精神（阴形）与物质（阳神）相互纠缠的根本之道上。而对于物质与精神之并协原理的描画，先天太极图（位于图 A 中心）无疑体现得更为简约。

因为，无论在哪个尺度，万事万物都体现了阴阳互根之道，即宇宙具有跨越尺度自相似性的根本规律。这便是波兰籍数学家曼德布罗特在论述分形几何学原理中所揭示的根本规律，这也就很好地解释了中国古代天人合一思想的合理性。用作者在书中的话讲就是："天上与人间都遵循着相同的规律，而这些规律可以用数学来表达。"于是数学表达的宇宙之理（科学），与哲思所表达的天地之道（玄学），也就统一了起来，所谓殊途同归。

东西合璧 殊途同归

毫无疑问，通过对世界边缘的追踪探寻，西方科学与东方哲思不约而同，共同给出了描述宇宙万物的根本法则。但必须承认，我们对世界边缘认识的不断深化，还是要归功于近现代科学不断发展的结果。正是一代又一代的科学家们，提出了一个又一个越来越完善的科学解释理论，才使得我们对宇宙万物之理有了越来越清晰的认识。那么，科学理论是如何描述万物之理，又有没有描述的限度呢？

我们必须清楚，科学理论只是对实在的描述，不可能是实在本身，所以永远都是暂时性的，不可能是终极真理。用美国科学哲学家波普尔的话来说，就是科学具有可证伪性。因此，评判比较科学理论的优劣，大体上要遵循如下三个标准：

1. 一致性：科学理论不能是自相矛盾的，必须要能够一致性地揭示其所描述事物对象的普遍性规律。

2. 解释性：科学理论要能够对所描述的事物现象给出合理性的解释，一个科学理论解释能力越强，就越有优越性。

3. 简洁性：科学理论应该具有简洁性。麦克斯韦方程、爱因斯坦质能转化方程、薛定谔方程，都是极为优美简洁的。

当然，科学的解释能力是有限度的。根据哥德尔定理，正是科学理论一致性的要求，使得科学理论并非无所不能。这就需要宗教、艺术以及哲学来弥补科学的不足。要知道：一方面，宗教与科学并非是互斥的，许多科学家带着强烈的宗教信仰，开启了科学发现之旅；另一方面，甚至东方思想家与现代西方科学家对世界边缘的探寻，也具有互补性的趋同结果。所有这些，都是这部书希望带给读者的有益启示。

或许读者会有疑问，对于宇宙万物之理的论述，为什么古代东方思想家与现代西方科学家会有殊途同归的类似结论？关于这个问题，我们可以有如下三种解释：

1. 纯粹巧合观：在古代，东方哲人们对自然神秘本性的思考有众多学说观点，占据了所有文化思想生态位的分布。当现代科学得出了某一结论，人们总会找到其类似对应的古代某一学说思潮与之相对应。这样一来，也就并不显得被选中的那个古老学说有什么伟大之处，不过是碰巧猜对了而已。

2. 自然分形观：自然体现着跨越尺度自相似的本性，在任意尺度，都可以获得同样万物之理的认知。现代科学在量子微观和宇宙宏观发现的普适理论，一定也会体现在常观尺度的事物变化之中。古代哲人们通过对身边可见事物的观察与推测，自然也可以发现其中共同的普适原理，并用常人可以理解的方式表达出来。

3. 意识同源观：不管是古人还是今人，是科学还是人文，观测都源自人的主观意识，这便是所谓同源性意识是根本归宿。应该说，这同源性的意识活动，正是产生一切科学与人文思想的根源，所谓万法唯心识。因此，两者的思考具有殊途同归的结果，也就不足为奇了。

亲爱的读者，你们认同上述哪一种观点？从根本上讲，意识同源观自然是最为彻底的，也是无法辩驳的。因为，对于事物的观察，都离不开观察者，而对于观察者而言，归根结底必然源自于观察者的意识活动。进一步，如果要对于意识再作一番刨根问底式的追寻，便涉及到了意识的主观性问题，乃至精神本性问题。结果就会发现，这一精神本性，远非实证性的科学所能一致性地解释清楚的。关于意识问题的探寻，也是这部读物讨论的主题之一。

沼泽人 忒修斯之船

那么，意识现象到底是指什么呢？应该指出，意识活动的本质主要是指体验意识，往往与所有的心理活动相伴随，因此意识体验是一种非常广泛的现象。在这一体验意识中，作为主观特征最为明显的就是感受质（qualia）现象。正因为如此，意识体验往往涉及到西方心灵哲学所讨论的感受质概念。感受质这个术语通常用来强调质变（quality），以区别于谈论物理性质或描述，并指出一种非物理性质之现象的存在。从这个意义上讲，意识最为本质的部分确实就是感受质。

通常认为，感受质具有诸多难以进行科学实证研究的性质，比如感受质的不可言说性（如人饮水，冷暖自知），感受质的不可还原性（不能还原为物理过程），以及感受质的主观性等。如此可知，意识的问题可以用感受质是如何与物理世界相关联的话语来表述，或者用客观的（objective）物理的大脑是如何产生主观的（subjective）的感受质来表述，这便构成了意识研究的难问题。

为了读者对意识难问题有个切身体会，我们以哲学上的"我是谁"及其涉及到的同一性问题，作为例子来加以说明。同时也希望有助于读者更好地理解这部书中所提到的"特修斯之船"问题。为此，我们先引入著名的沼泽人（swampman）思想实验，为读者理解这一问题提供一种新的途径。

沼泽人思想实验是 1987 年美国哲学家唐纳德·戴维森提出的。这一思想实验假设的情景是：某个男子出门去散步，在经过一个沼泽地时不幸被闪电击中死亡。与此同时在他旁边正好也有一束闪电击中了沼泽地，十分罕见的是雷击与沼泽发生了一系列物理、化学、生物反应，产生了一个与刚才死掉男子无论形体还是质量都完全相同的生物。如果我们将产生的这个新生物叫做沼泽人，那么沼泽人在原子级别上与原来那个人的构造完全相同，外观也完全一样。自然被雷击男人死前的大脑状态也完全被复制成为沼泽人的大脑状态，也就是心理状态看起来也完全一样。当沼泽人走出沼泽，就像刚死去的男人一样边散步边回到了家中后，可以打开刚死去那位男子的家门，并继续刚死去那位男子的生活和工作。

现在，戴维森询问，这个沼泽人与那位死去的男子是同一的吗？这就是所谓哲学上"同一性"难题。由此便产生了一个连带问题，那就是"我是谁"问题，或者说你如何能够确认昨天的你与今天的你是同一个你呢？

通俗地说，这一问题首先可以从如何描述自己说起。那么你到底可以如何描述自己呢？显然，你可以利用镜子、靠别人描述、用照像或录像，等等来描述观察自己，但你永远不可能冲破自己的皮肤站到自己的对面来观察自己！当然，你也可以认为自己是由肢体、器官、甚至细胞组成的，但作为整体的你根本不可能还原为这些局部组织之中。或许你会赞同笛卡尔的"我思故我在"观点,将你的存在等同与你的意识。但须明白,你的意识也一样难以确认,因为你可以意识到所观察到的外部世界,也可以感受到自己身体和心情的状态,但你永远不可能意识到意识活动本身,甚至连产生自我意识的神经活动,你也根本意识不到,尽管正是这些神经活动支撑着你的意识产生。那么,你到底是谁呢?或许这部书多多少少可以解决你心中的疑惑。

边缘 天倪

序言写到最后,让我们回来讨论全书的主旨,即到底什么是所谓"世界边缘的秘密"?这部读物,作者从夸父逐日的边缘到爱因斯坦相对论时空的边缘,从宇宙大爆炸的边缘再到量子理论的边缘,于是这终极的边缘便开始混沌起来了。等到再引入了主观意识,那个客观的边缘,也就消解了。

显然,通读这部书,所有的秘密都在边缘的探寻之中。那么如何来看待作者的"世界边缘"呢?如果一定要用简单词语来刻画作者所谈论的"边缘",那么这里所谓的"边缘",差不多就是庄子所说"天倪"。

庄子在《庄子·寓言》说:"万物皆种也,以不同形相禅,始卒若环,莫得其伦,是谓天均。天均者,天倪也。"《庄子·齐物论》曰:"何谓和之以天倪?是不是,然不然。是若果是也,则是之异乎不是也亦无辩;然若果然也,则然之异乎不然也亦无辩。化声之相待,若其不相待。和之以天倪,因之以曼衍,所以穷年也。忘年忘义,振于无竟,故寓诸无竟。"

通常可以将《庄子》中"天倪"一词解释为"自然之分"。注意,"倪"被视为"厓"的通假字,可以解释为"边际、界限"。但庄子所说的这种边际,往往是指和均混沌之性,也可以看作是混沌的边缘,创新的源头。所以,庄子所谓的"天倪",正是这部书所要论述的书"边缘"之义,自然之分,心与物叠加纠缠之缘。

既然这样,如何应对这个复杂多变的自然与社会?如何才能够让自己的内心安定而无忧?北宋理学家程颢在《定心书》中给出的指导就是:"所谓定者,动亦定,静亦定,无将迎,无内外。"用作者的话说就是:"你是自由的,你之所以感到不自由,是因为自己心中的牢笼;人成长的过程,正是一步步突破这个牢笼的过程。"

好了,正如这部书中所阐述的,伟大的科学发现,往往源自业余爱好者的执著不懈的努力。甚至可以说,科学成就,几乎都是一群不务正业的外行给出的。我想说,对于文理沟通思想的阐发,更是如此,往往都是像光子这样一批"不务正业"的杂家所为。

万物皆有定数,能够先睹这部读物为快,而且为之写序,说不定也是世界边缘暗中作用的结果。当然,这个"边缘"之"缘",乃是"缘分"之"缘"。遗憾的是,我的文笔拙劣,不足以囊括全书精彩的风貌。读者还是自己亲自去追随作者的生花之笔,来一趟文理交融的旅行,享受阅读这部读物的无穷乐趣。

2019 年 4 月 28 日写于厦门大学敬贤寓所

前言

冠心病监护室里乱作一团。

病人因急性心肌梗塞心脏骤停，生命危在旦夕。心电图变成了一条可怕的直线，监护仪发出令人心焦的警报声，走廊里传来医护人员奔跑的声音。值班医生拉曼尔（Pim van Lommel）冲进房间，一边手忙脚乱地解开病人的上衣，一边大喊着叫护士立即拿来除颤器（用电击令心脏重新起搏的仪器）。他是个刚开始训练心脏病护理的实习生，只有 26 岁。

拉曼尔把除颤器紧按在病人胸前，防止边缘翘起。"闪开！"他照规程大叫一声，"砰"地给了一次电击。病人的身体向上猛地弹了一下，又像个沙袋似的瘫在那儿不动了。心电图跳动了一下，随即又恢复了直线，长直的警报声还在继续。

拉曼尔气急败坏，加大了电压，"闪开！"他又电击了一次。

病人还是僵直地躺着，毫无心跳和呼吸，而且体温开始下降。拉曼尔一会儿查看监护仪，一会儿测体温，满屋子人急得团团转，却无计可施，时间仿佛停滞了一样。过了三分多钟，还是毫无起色，有人干脆关掉了警报，拉曼尔沮丧地抓起病历，看了看墙上的钟，记下死亡时间，一名护士默默地把一条雪白的床单盖在病人遗体上。

病人的喉咙里突然咕哝了一下，监护仪屏幕上的光斑又奇迹般地跃动起来。人们顿时欢呼起来，拉曼尔几乎拥抱了身边的一位女护士，他长舒一口气——幸好病人没死在他这个实习生手里。病人眯缝着眼睛，仿佛天花板上的吊灯太刺眼，他一脸迷茫，显然不知身在何处。

他的神情变得很古怪，并非死而复生的欣喜，而是一种厌恶和无奈。"No！No，no，no，no!"他的声音越来越大，人们停止了欢呼，屋里静了下来。

"你们为什么把我拉回来？"病人没好气地说。

"拉回来？你一直躺在这儿啊。"拉曼尔问。经历了这样生死之搏的人有时会思维混乱，他并不感到意外。

"你们把我从一个美丽的地方拉回来了！"病人显出由衷的失望，开始胡言乱语。他说刚才身上所有的病痛都消失了，感到一种前所未有的祥和，自己变得很轻很轻，飘了起来，离开了身体，穿过了一个黑暗的隧道，尽头有光……五彩缤纷的颜色……一个仙境般的地方，有美妙的音乐……

什么乱七八糟的！拉曼尔心里说，竟然产生幻觉了！他拨开病人的眼皮，迅速检查了一下瞳孔，确保他是清醒的。受过严格医疗训练的拉曼尔深知，心脏骤停的病人没有呼吸、脉搏或血压，所有大脑功能都已停止，失去了知觉，没有意识，不可能有记忆。

此图根据法国科普作家卡米伊·弗拉马里翁的名著《大众天文学》(1888年)里的一幅雕版画彩绘而成，画的是一位旅行者在世界边缘探头张望。

"我到了世界的边缘，我要去另一边，不想回来！"病人几乎恼怒起来，刚才还欢欣鼓舞的医护人员就像头上被猛地泼了一盆冷水，对他的恩将仇报不知所措……

这故事发生在荷兰的一家医院里[1]，本书的后半部我将接着把它说完。

世界的边缘在哪里？它有"外面"吗？承认吧！这些问题你也曾想过，只是不再想了。

小时候，你问这些问题时，老师说"很复杂"，父母说"问也没用"，朋友同学们干脆笑你傻，于是你不敢再问。到了今天，你也许早已遗忘，也许已经和他们一样，觉得这些问题傻，而且"没用"，你忙着谋生赚钱。但在你的内心深处，还是隐隐地想知道世界是怎么回事，你为什么会在这儿。若不知道，只是日复一日地生存着，你感到空虚而失落。

不知为什么会在这儿，你为什么要忙碌？

即使不知道答案，你至少可以问问题。人类心智成长的每一步，都是从问问题开始的。牛顿问"苹果为什么会下落"，导致了万有引力的发现；而爱因斯坦问"和光一起旅行，将会看到什么"，导致了相对论的诞生。世界是什么？它的边缘在哪里？我为什么活着？这些问题会带给你更有意义的生活。

现在问是不是太晚？不会。爱因斯坦因为心智发育迟缓，到了成年还在问小孩才问的问题，所以创立了相对论。他说："不要停止问问题，这很重要；好奇心有其存在的自身原因。"探索的过程本身就是目的，好奇是一种生活方式，可以让心灵永远年轻。难道你愿意不知道答案，就离开这个世界？

世界是什么？它的边缘在哪里？如果你愿意和我一起，勇敢地问这些问题，就会找到意想不到，又让我们仿佛重获新生的答案，我保证。

第一章

天球的边缘

这张酷似笑脸的照片是哈勃太空望远镜拍到的星系团 SDSSJ1038+4849。 眼睛是两个非常明亮的星系，而组成脑袋和嘴巴的弧线是因强大的引力场所导致的"引力透镜效应"形成的。

> 如果一个想法在一开始不是荒谬的，那它就是没有希望的。
>
> ——爱因斯坦

我们不记得是怎么来到这个世界上的，就像在一个迷宫里莫名其妙醒来的孩子。怀着好奇，我们想找寻"迷宫"的边缘。

已有无数人做过这样的探寻，让我们沿着前人的足迹，开始这段奇幻之旅。

被怪问题困扰的巨人

黄昏的绝壁上坐着个巨人。他生着络腮胡，头发狂野地披在肩上，戴着蛇形的黄金耳环。他的胳膊像粗壮的树干，赤裸着古铜色的上身，下身只穿一条兽皮裙。身边的土地上，插着一根碗口粗的桃木杖。这杖既是行走的工具，又是防身的武器，它伴着巨人已经几十年，手握的地方变得黝黑、光滑。

凭体魄和武功，巨人本可以像黄帝和蚩尤那样称霸一方，他却离群索居，住在这座名叫"成都载天"的大山上。方圆百里的人都知道他是大神后土的后裔，但对他既不崇敬也不惧怕，反而在背地里讥笑他，像躲瘟疫那样躲避他。

这并非因为他是恶人，或真有传染病，而是他脑子有毛病。巨人整天念叨一些古怪而毫无用处的问题，已经达到了痴迷的程度。不管遇到谁，他都会问这些问题，而且刨根问底，让人无法敷衍了事，人们怕被他纠缠而耽误了农活。

巨人感到腿上有个东西在爬，原来是只硕大的山蚁。山蚁似乎也发现爬错了地方，于是仓皇乱窜。巨人小心翼翼地把它抖落到地上。这山蚁真可怜，活一辈子，都离不开大山，不知道山外面还有田野，有天地。

人比山蚁强吗？活一辈子，都不知道世界的边缘在哪里。也许在人能看到的世界之外，还有更大的世界？为什么没有人到天地的边缘去看一看？

暗红色的太阳像一块硕大的火炭，一点点沉入大地。遥远的山脚下，村落里正升起渺渺炊烟；田野里，几个农民像蚂蚁一样忙碌着，趁着落日的余晖，想多收割一点麦子。

"太阳落到哪里去了？天地的边缘在哪里？"巨人用洪钟般的声音问空谷，听到的只是阵阵回声。

夜幕降临。大山中的星光近得仿佛伸手就能摸到，璀璨的银河从头顶横跨而过。他一动不动地坐在崖上，毫无睡意，因为心仍被问题煎熬着。当东方泛出鱼肚白，他已经下定决心：作为神的后裔，我要成为第一个发现太阳落在哪里的人，我要去追太阳，寻找世界的边缘，不找到答案就不活着回来。

朝阳在天际抹上第一缕红霞的时候，村民们听到轰隆隆巨人的脚步声，饭桌上的碗筷都被震离了桌面。巨人从山坡上奔下来，如离弦之箭，向西面的地平线射去。人们放下可口的早饭，笼着手，从温暖的村舍里走出来，缩着脖子，站在路边看热闹——这古怪的巨人又在犯精神病了。

"吃饱了撑的！"头发胡子都已花白的村长说，"不自量力，不会有好下场！"

聪明的读者，你猜对了！这巨人就是夸父，生活在公元前大约2700年的黄帝时代。他的下场不幸被老人言中了，据《列子·汤问》[2]记载：夸父自不量力，去追赶太阳，直追到太阳落下的地方"禺谷"。他渴了要喝水，到黄河、渭河去喝，但两条河的水不够，他又向北奔跑，去喝大湖里的水。还没赶到大湖，在半路上就渴死了。他丢弃的手杖化为一片桃林，有方圆数千里那么大。

夸父的边缘

我们虽不知"禺谷"在哪里，却知道它在中国的版图里，离黄河、渭河不远。所以，对于夸父时代的中国人来说，世界的半径只有大约4000公里，相对于当时的交通工具和人类活动的范围，已经大得无法想象了。

古人看到地是平的，自然而然就认为世界是块"大平板"。河流都是往东流的，所以它一定西高东低；星星都是从东往西"流

"大平板"世界

动"的，所以天也必然是"倾斜"的。他们甚至编造了一个传说来解释为什么：女娲烧炼五色石来修补天地的残缺，斩断大龟之足来支撑四极，是因为西北两面的龟足较短，所以天穹向那里倾斜。后来共工氏与颛顼争帝，怒撞不周山，折断了支撑天空的大柱和维系大地的绳子，结果大地向东南方下沉，河流向那里汇集。

夸父没落得好下场，也就再没人像他那样去追太阳，中国人在倾斜的天、地两块"大平板"之间安居乐业。殷末周初（公元前 1000 年左右），"大平板"思想发展成了"盖天说"，认为"天圆如张盖，地方如棋局"，这就是至今中国人仍常说的"天圆地方"。

到了东周（公元前 770 年—前 256 年），多国混战，天下大乱。当中国人正忙于攻城略地，万里之外，被蓝得醉人的地中海拥抱着的一个小岛上，出了个标新立异的年轻人，竟宣称世界的边缘根本不在大地上。

崇拜数字的怪人

这个岛叫做萨摩斯（Samos Island），在希腊的东边，面积还不足上海的十分之一，但在古希腊，是个富有而强大的岛屿。

公元前 550 年的一天，小岛的集市上热闹非凡，人们里三层外三层，把方石铺就的街道堵得水泄不通。人群正中的石阶上，站着一个二十出头的年轻人，正在慷慨陈词。

小伙子是当地富商的小孩，装束很古怪，明明是希腊人，却

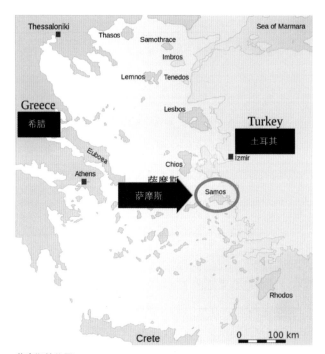

萨摩斯的位置

穿着东方人的裤褂，蓄着长发，留着山羊胡。他之所以这身打扮，是因为9岁时曾被父亲送到提尔（Tyre，位于黎巴嫩首都贝鲁特以南约80公里处）学习，接触了东方的宗教和文化，其后又多次随父亲到亚洲西南部的小亚细亚经商。

如果把这身"奇装异服"换成希腊人经典的袍子，他看上去还是蛮顺眼的，甚至有一种希腊人特有的古典之美：窄窄的脸，高高的额头，笔直的鼻梁，眼睛里透出一股和年龄极不相称的睿智。

人们围观他，不是因为他说得多有道理，而是因为他的言论荒唐至极，令人瞠目结舌，不知如何应对。

"大地是球形的！"小伙子高喊道。

人群哗然，大地明明是平的啊！他们不能肯定这毛头小子是瞎子还是疯子。

"年轻人，睁开尊眼瞧瞧吧！"人群中一位颇有声望的老哲学家讥讽道，大伙儿一阵哄笑。

"大地看上去是平的，是因为地球无比巨大。"小伙子把胳膊展开成一字，仿佛抱着个硕大无边的球。

"你有证据吗？"

"我不需要证据！"小伙子十分肯定，"圆球在数学中是最完美的形体，而造物主是按照完美的数学创造世界的。"

"数学不是描述世界用的吗？你怎么好像在说先有数学才有世界似的？"老哲学家名不虚传，立即抓住了小伙子的破绽。

"的确是先有数才有世界！而且万物皆数！"

这小伙子叫毕达哥拉斯（Pythagoras，约公元前570—前500年）。他所谓的"万物皆数"（"All is Number"）是说，世界万物都是数。非物质的、抽象的数是宇宙的本原，自然界的一切现象和规律都是由数决定的，服从"数的和谐"。他是这样推理的：因为有了数，才有几何学上的点，有了点才有线、面和立体，有了立体才有火、气、水、土（当时希腊人认为构成万物的四种基本元素），所以数在物之先，"数是万物的本质"，是"存在由之构成的原则"。

古人心中大地的边缘

第一章　天球的边缘

毕达哥拉斯

"你这是胡扯！"哲学家不屑地一甩袖子，扬长而去。

"对！胡扯！诡辩！"看热闹的人们也摇着头，讥笑着，开始散去。

不仅当时的人们认为"万物皆数"是胡扯，就是在今天，一般人也会认为这理论荒诞至极，甚至不知所云——世界明明看得见摸得着，怎么可能是数？但奇怪的是，人类一而再再而三意外地发现，像毕氏所坚信的那样，世界"骨子里"有着无法解释的数学之美，而且近两千五百年后，一位顶尖的物理学家惠勒竟提出了现代版的"万物皆数"（请参见后面的"数学算出未知世界"（P145）和"新'万物皆数'"（P185）两个小窗口）。

古希腊人认为世界是由火、气、水、土组成的

　　这可不是个小问题。如果世界是数，那么世界的边缘在哪里、我们为什么会在这儿等问题的答案，都会和我们出发时所以为的截然不同。一般人坚信世界不是数，但它是什么？中学学过，物质是原子组成的，原子是原子核和电子组成的，但它们又是什么组成的？这样一级级"拆分"下去，到最终是什么，人们并不知道。

　　小毕脸皮很厚，不是那种受点嘲笑就善罢甘休的人。他日复一日地宣扬万物皆数，逮住谁就跟谁说，有正事要忙的萨摩斯人民像中国人民躲避夸父那样躲避他。年复一年，温厚的岛民们用极大的耐心忍受着他，直到公元前 535 年，他们终于忍无可忍，把他赶出了小岛。他被迫迁往埃及。

○ 地平论 ○

人的信念是很难改变的，即使有如山的证据，还是有人认为地是平的。

地平论认为，世界像个碟子，中心是北极圈，最外面有一道45米高的冰墙，防止海水流出去。太阳和月亮比科学中说的小得多，而且离地球很近。信奉者指责众多国家、组织（如NASA）联合起来蒙骗大众，他们坚信所有的教科书都是骗人的，卫星、航天飞船拍的照片全是假的。

地平论由来已久。《圣经》中《新约·启示录》写道："我看见四位天使站在地的四角……"，这令许多虔诚的基督徒坚信大地是平坦、四方的。1883年，英国作家塞缪尔·拉伯塞姆在英国和纽约成立了地平说协会。他去世后，伊丽莎白·布朗特夫人于1895年在伦敦成立了国际调查协会，出版了《地球非球体评论》杂志，主张"《圣经》是自然界不容置疑的权威，信奉地圆说者不是基督徒"。

2004年，丹尼尔·申顿（Daniel Shenton）重建地平说协会，在网上搭建了一个地平说论坛（BBS），火爆异常。2009年，他发布了协会的新官网（theflatearthsociety.org），开始接受新会员注册，截至2017年，该协会约有500名会员，包括几位著名的美国黑人球星。

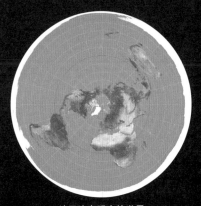

地平论者眼中的世界

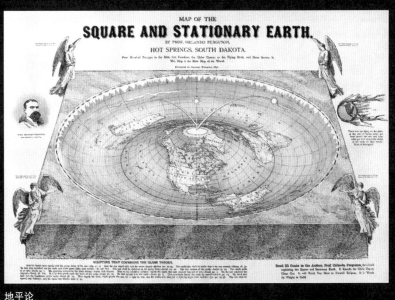

地平论

不和谐导致和谐

毕氏为现象背后的数学规律着迷。他发现，当乐器的弦长之间符合一定比例时（他称之为"和谐"），它们弹奏出的音符放在一起才会好听。

几乎在同一时代，中国人也发现了这个规律，并基于它发明了编钟。编钟是合金铸造的，只有当它们的重量、成分符合特定的数学关系，敲击出来的声音才会好听。

毕氏认为，"和谐"不仅是音乐的本质，也是整个宇宙的法则——世上所有的事物都是"和谐"的。他说："什么是智慧呢？

毕达哥拉斯在研究声音的
和谐与数之间的关系

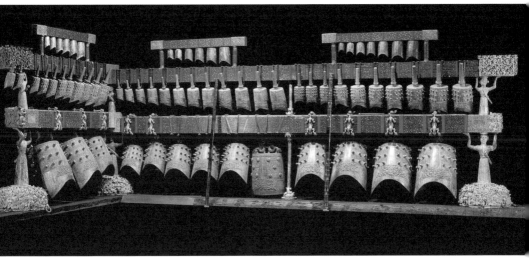

湖北出土的编钟（约公元前 500—前 400 年）

是数。什么是最美的呢？是和谐。"天体的运行像音乐一样，遵循着某种"和谐"——它们依照数字所规定的间隔和次序，围绕一个共同的中心旋转。

但美与和谐是人心里的感受和判断（是主观的、意识的），而宇宙和数学是身外的东西（是客观的、物质的），为什么心里想的和外面的世界之间有这种深刻的关系？在探索世界边缘的旅程中，我们将一次又一次看到这种神秘的关系。

在研究"和谐"的时候，毕氏发现了一个就摆在人们眼前，却很少有人发现的真理：和谐是由彼此对立的元素组成的。例如，高音和低音是彼此对立的，但如果只有高音，没有低音就无法悦耳。绘画也一样，白和黑是彼此矛盾的，但只有白没有黑是无法作画的。

所以毕氏认为，音乐之美是声音中对立的因素（高与低、强与弱、快与慢）的和谐统一，"把杂多导致统一，把不协调导致协调"。在常人眼里，"杂多"和"统一"、"不协调"和"协调"是截然相反、水火不容的，毕氏却认为它们是互为因果、彼此相生的。没有杂多，哪有统一？没有不协调，哪有协调？

　　就在毕氏感叹于对立事物间的辩证统一时，在遥远的中国，有个人也发出了类似的感叹。

被当成神崇拜的图书管理员

　　此人与毕氏出生年月相近，姓李，陈国苦县人（今河南省鹿邑县），是周朝王室图书馆馆长（"周藏室之史"）。管理图书一般是个轻松活儿，但给皇室管理图书却不容易。如果周王把一本书拿走没还，催促或罚款是行不通的，只好辛辛苦苦在竹简上再刻一本，而且字儿还不能刻差了，周王看到不悦是要掉脑袋的。

　　所以李馆长对本职工作毫无兴趣，而是天天做白日梦，幻想骑着自己的青牛出走。像毕氏一样，他想到了对立统一的奥妙，激动不已，如鲠在喉不吐不快，于是把思想刻成书（只有五千多字），流传了下来。后人惊叹于这些文字的玄妙，称之为《道德经》[5]，将其广为流传，把李馆长尊称为老子（约公元前571年—前471年），甚至供奉成神，成为道教中的太上老君。

　　老子做出了和毕氏类似的发现：事物都是由矛盾的两面组成的，它们看似对立，实则互为因果，缺一不可。他感叹道："天下

美女脸上的数学秘密

可见世界是由各种形状的物体组成的，这些形体有怎样的数学本质？又符合怎样的数学规律？这正是毕达哥拉斯思考的问题。他发现了一个"神圣"的比例 1.62：1[3]，认为当形体符合这个比例就会美，他称之为黄金分割。

为了验证这一点，我找来一张美女的照片[4]，测量了一下她五官间的距离。我发现她的嘴离眼睛的距离（a）与嘴离下颌的距离（b）之间的比例是黄金分割，而且眼睛到下颌的距离（a+b）与眼距（碰巧也是 a）的比例也是黄金分割。

在上图中：
a：b=1.62：1
(a+b)：a=1.62：1
这是一种巧合吗？她脸上其他部分比例如何？我又做了一番测量，发现她的鼻子、嘴和下颌之间的距离，也符合黄金分割（见下图）：
a：b=1.62：1
(a+b)：a=1.62：1

那么，这比例在其他美女脸上是否也出现呢？我量了一下美国演员梅根·福克斯（Megan Fox）的五官，果不其然！

神奇吧！相信你见过无数美女，但对这些比例却视而不见。毕氏能透过事物的表象，看到其数学本质，真非凡人也！

梅根·福克斯脸上的黄金分割

美女毕竟是美女，连五官都长得符合数学公式。假如你像我一样，无论怎么努嘴都没法达到这些比例，仍然可以从黄金分割受益。你照相时，站在黄金分割的地方会比较容易拍出好照片。在下面这个矩形中，就是虚线所在的地方。

虚线是黄金分割线

◯ "0"的发现 ◯

"0"的发现，并非出于描述世界的需要，而是因为哲学和宗教的思考。

历史上有很长一段时间，人类都忽视了零的存在。古希腊人就没有零的标记[6]，善于理性思辨的他们，对零应不应该是个数犹豫不决，问道："'什么都没有'怎么能用任何东西来表示呢？"（"How can nothing be something?"）

"0"诞生于公元前2500年左右，是在印度的《吠陀》中出现的，表示"空"的位置。"0"的梵文名称为Sunya，汉语音译为"舜若"，意译为"空"。佛教大乘空宗强调"一切皆空"，"0"就反映了这一命题。它也可以看作是原点，是佛教认识万事万物的根本出发点。

《吠陀》

皆知美之为美，斯恶已；皆知善之为善，斯不善已。故有无相生，难易相成，长短相形，高下相倾，音声相和，前后相随。"（天下人都能认清美好的事物，是因为丑的存在；都能认清善良的事物，是因为不善良的存在。所以"有"和"无"因互相对立而诞生，难和易因互相对立而形成，长和短因互相对立而体现，高和下因互相对立而存在，音和声因互相对立而和谐，前和后因互相对立而出现。）

阴阳太极图

老子给矛盾的两个对立面取了名字，叫"阴"和"阳"，将它们间的辩证关系总结成了阴阳理论。他认为，"万物负阴而抱阳，冲气以为和"（万物背阴而向阳，并且在阴阳二气的激荡中成为和谐体）。阴与阳相互依赖、相互转化，"反者道之动"（阳极生阴，阴极生阳，物极必反）。这种对立统一在现实的所有方面和维度中体现出来。例如，幸福和痛苦是一对阴阳，人们都追求幸福，但只有幸福没有痛苦的生活是不存在的，而且"祸兮福之所倚，福兮祸之所伏"。

后人基于阴阳理论绘制了阴阳太极图，这是一幅简单而对称的图案，被誉为"中华第一图"。阴和阳互补地缠绕在一起，共同组成一个整体。而且阴的最核心处是阳；阳的最核心处是阴，反映了"阴中有阳，阳中有阴"的道理。

阴阳理论是一种哲学，毕氏循着数学的道路，却抵达了哲学的王国。哲学和数学是两只思想的翅膀，可以帮助我们到达身体无法到达的地方。而且数学的基础是哲学，哲学的内核是数学，它们有着异曲同工之妙。

毕氏插上了这两只翅膀，应该能在思想的领空尽情翱翔了吧？不幸的是，他晚年坠入了一个看不见的牢笼，导致他的追随者们成了杀人犯。

数学凶杀案

为了宣扬自己的思想，毕氏创建了毕达哥拉斯学派。这是个有着浓厚宗教色彩的组织，其成员都要经过严格的筛选，一般在数学方面有所建树。他们共用财产，信奉清规戒律，举行独特的仪式，吃简单的食物。毕氏从被人嘲笑的谬论传播者升华成了"真理的化身"，学派成员对他像神一样崇拜，绝对信奉其教诲。

例如，毕氏相信任意数均可用整数及分数表示，并不存在无限不循环的数，他的弟子们也像基督徒对《圣经》一样，对这一理论深信不疑。让我来解释一下，这信念是什么意思。如果把数字比喻成道路，毕氏相信任何道路要么有终点（即位数有限，如3.14，仅三个数字就结束了），要么结尾是个圆圈（即无限循环，如3.141514151415……，"1415"无限地循环下去）。当时，这两种数被认为"理所当然"，所以统称为"有理数"。

但存不存在无穷无尽而又毫无规则的道路呢？也就是说，有没有无限不循环的数（如3.1415926……，后面跟着无穷位随机的数）？没有！毕氏坚信。这类数显得"毫无道理"，所以被统称为"无理数"。

毕氏晚年的时候，弟子中出了个大逆不道的，叫做希伯索斯（Hippasus），居然认为无理数存在，而且提出了缜密的数学证明。毕氏学派对这一"异端邪说"很恐慌，竭尽所能封锁其传播。他们认定希伯索斯违背了毕氏教诲，触犯了教规，对其群起而攻。希伯索斯被迫逃往他乡，学派的人四处追捕他。

公元前500年，在一个风雨交加的夜晚，希伯索斯在一艘海船上被抓获。船在巨浪中剧烈地摇晃着，海浪和雨水轮番冲击着甲板，发出震耳欲聋的巨响。被五花大绑的希伯索斯躺在甲板上，全身湿透，原本就很稀疏的头发耷拉在额头上。长期的逃亡让他的身体像片树叶那么单薄，一个巨浪打来，他滑出几米，咳嗽着，大口地吐着海水。

在他周围，站着七八个抓获他的毕氏学派成员，双腿分得很开，生怕摔倒，个个淋成了落汤鸡。其中一个举着火把，火焰在风雨中呼呼地摇曳着，忽明忽暗。这些平日文质彬彬、手无缚鸡之力的数学家们，就像常年风和日丽但此时波涛汹涌的地中海，露出了狰狞的一面。在他们因憎恶而布满血丝的眼睛里，希伯索斯是个叛徒、大骗子，他关于无理数的谬论会毒害全人类的心灵，必须现在就消灭。

一位数学家怒吼道："只要你承认无理数不存在，我们就饶你不死！"

希伯索斯半天没出声，要不是他眼睛里还有火把的反光，追捕他的人还以为他已经被水呛死了。"可它们存在，"他用微弱的声音说，"有无数多个！"

"胡说！拿一个给我看看！"

"$\sqrt{2}$就是个无理数！"

"那只是因为还没算出最后一位！"

一位年长的数学家不耐烦了，"跟这精神病废什么话呀？扔进海里不就结了？"数学精英们七手八脚，有的抬胳膊，有的抱大

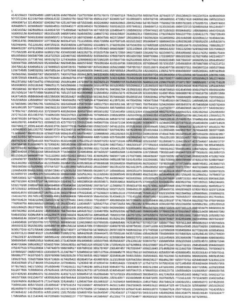

First 10,000 decimals of $\sqrt{2}$

$\sqrt{2}$ 的前一万位

腿，把希伯索斯抬起来，放在船帮上。

"$\sqrt{2}$ 没有最后一位！"希伯索斯说。

没有一个毕氏学派成员做声，他们使劲一推，希伯索斯就像一块石头落进大海，转眼就不见了。一阵骤雨袭来，火把闪动了几下，随即熄灭了。

在今天，无理数是个中学生就知道的常识，没有谁会对接受无理数有"心理障碍"，而且绝大多数人都不知道有人曾因发现无理数而死。许多读者会觉得希伯索斯死得冤枉，这种冲突真是

圆周率 π

小题大做。

　　难道有什么证据说明无理数不存在吗？没有。无理数根本就存在。难道无理数很少，以至于很难发现吗？不是。π，$\sqrt{2}$，$\sqrt{3}$……全是无理数，今天我们知道，有理数是可数集，无理数是不可数集，它们之间有集合势的差别。最有意思的是，世上的任何量（如长度、温度、速度等）可以因为所选择单位的不同，既是无理数，又是有理数（参阅小窗口"既是无理数又是有理数"（P31））！无理数和有理数，就像高音和低音，黑和白，不仅不是势不两立

Alpha	Beta	Gamma	Delta	Epsilon	Zeta	Eta
Α α	Β β	Γ γ	Δ δ	Ε ε	Ζ ζ	Η η
1	2	3	4	5	7	8

Theta	Iota	Kappa	Lamda	Mu	Nu	Xi
Θ θ	Ι ι	Κ κ	Λ λ	Μ μ	Ν ν	Ξ ξ
9	10	20	30	40	50	60

Omicron	Pi	Rho	Sigma	Tau	Upsilon	Phi
Ο ο	Π π	Ρ ρ	Σ σ ς	Τ τ	Υ υ	Φ φ
70	80	100	200	300	400	500

Chi	Psi	Omega	Digamma	Stigma	Koppa	Sampi
Χ χ	Ψ ψ	Ω ω	Ϝ	ϛ	ϟ	ϡ
600	700	800	6	6	90	900

古希腊数字

的，而且是缺一不可的。它们像一张纸的两面，是无法分开的。

那么，毕达哥拉斯学派为什么非要把希伯索斯杀死才后快呢？因为在他们的脑子里有一个无形的笼子，他们无法想象笼子外的事物是可能的（虽然无法证明这种不可能），因此不敢越雷池半步，也不许别人跨过雷池。随着人类智慧的增长，这个笼子在不断扩大，但它仍然存在。世界是无限的，有限的是人类的想象力和探索未知的勇气。

毕氏去世后一百多年，亚里士多德（Aristotle，公元前384—前322年）观察到，月食时地球打在月亮上的影子是圆的，推断地球确实是个球体[7]，后来相信的人越来越多。

因为发现地球是圆的，人类所认知的世界比夸父时代大了很多——世界不再是个二维的"大平板"，而是一个三维的球体，任何一个数字描述，根据单位的不同，既可以是有理数，又可以是无理数。

要用数描述任何东西，都离不开单位。比如，要描述两个苹果，用"个"做单位就是"2"（"2个"），用"对"做单位就是"1"（"1对"），用"半"做单位就是"4"（"4半"）。而且任何丈量单位都是人为的选择，中国人用尺，英国人用英尺，一般科学家用米，天文学家用光年，不存在哪一个比另一个更"理所当然"。

要用数描述一个正方形的边长，也必须先选择长度单位。如果用边长本身作单位（权且叫它"光子米"），则边长为1"光子米"（如下图所示），为有理数。

但我们也可以选用对角线的长度做丈量单位。如果定义对角线为1"光子米"（如下图所示），则边长为$1/\sqrt{2}$"光子米"[8]，是无理数。

同一条边长，因为丈量单位的不同，有时是有理数，有时是无理数！

现实中的测量，如温度、速度等，都可以表示成一条线段的长度，所以它们都可以既是有理数，又是无理数。这说明任何描述都不是绝对的，会因为观察者所选取的单位的不同而不同。

假如选择边长为丈量单位

假如选择对角线为丈量单位

悬在浩瀚宇宙之中；世界的边缘不在大地上，而在天空中。

但这边缘究竟在哪里？古希腊人就算知道答案，也说不出来，因为他们没有描述巨大数字的单位。当时人们在日常生活中用到几百、几千就了不得了，最大的数字是一个 Myriad，即 1 万，没有亿、兆之类的数字单位。

但这问题没难倒一位自信的希腊人——现成的数不够大？可以发明更大的数么！

阿基米德撬动地球

最会作秀的理科生

他的名字叫阿基米德（Archimedes，公元前 287 年—前 212 年），诞生于希腊西西里岛锡拉库萨（Syracuse）附近的一个小村庄。他出身贵族，是锡拉库萨赫农王（King Hieron）的亲戚，家境丰裕。

阿基米德是数学家、物理学家兼工程师，但与那些不擅言辞、木讷、学究的理科生不同，他很会用震撼的方式表达思想。为了让人们知道杠杆的威力，他说"给我一个支点，我就能撬起地球"，从而让后人永远地记住了他。

在英文中，这种能力叫做"showmanship"，可以意译成"以实力为基础的作秀"。现代人中，这能力最强的要数乔布斯，为了表现苹果电脑的轻薄，他别出心裁地把它从牛皮纸信封里拿出来，让人们永远地记住了这款电脑。

阿基米德想要找到宇宙的边缘，当然不能就在餐巾纸上算算就草草了事，他决定用一种新奇的方式描述世界的巨大——先用细沙把宇宙填满，然后数沙粒的数目！因此，他写了一本书，叫做《数沙者》（The Sand Reckoner），是对当时锡拉库萨国王盖隆（King Gelon）的讲演。

书的开篇写道："盖隆国王陛下，有些人认为沙的数量是无限的……但我将通过您能理解的几何方法试着向您证明，我在这项献给宙斯的研究中提出和命名的这些数字，其中一些不仅超过了按照我的描述填满地球所需的沙粒数量，而且还超过了填满宇宙所需的沙粒数量。"瞧瞧人家，撬就得撬地球，讲演就得给国王听，研究就得献给宙斯，数数就得数装满宇宙的沙粒，有想法但说不出的理科生们可以向阿基米德学习。

但不管你把宇宙装满沙粒还是芝麻，要知道最终的数目，还是得知道宇宙的体积。这也难不倒阿基米德，因为与他同时代的萨摩斯人阿里斯德鸠（Aristachus）已经估算出，从地球到宇宙边缘的距离是 10 000 000 000 个斯塔德（stadia），他只要照搬过来就可以了。斯塔德是一个以赛跑场为基准的长度单位，相当于约180

米，所以阿基米德所认知的宇宙的半径约为 1 800 000 000 000 米，即 18 亿公里。这世界比土星的轨道略大一些，与今天人类的认知比起来真是微不足道，但和夸父仅仅 4 000 公里半径的世界相比，它大了约 10 亿亿倍 [9]，即 10^{17} 倍。这数字极其巨大，如果把 10^{17} 个原子一个接一个地排起来，足可以排一万公里长。在当时，人们觉得这世界大得不能再大了。

世界的结构是什么？人们看到大地静止不动，而太阳、星星东升西落，自然就得出了所有星球都绕着地球转的结论，这就是所谓的地心说，后来被托勒密（Claudius Ptolemaeus，约 90—168）发展完善。地心说认为有个看不见摸不着的"天球"，地球和其他所有星球都在"天球"里，因为"天球"的转动而转动。

居于宇宙的中心，被所有的星星围着转，人类感到既舒适又自豪。尽管托勒密不是基督徒，在他死后一千多年，基督教会仍在热烈地宣扬地心说，想利用它证明教义中所描绘的天堂、人间、地狱的图景。在欧洲，几乎人人相信地心说，直到一位"业余"天文学家打破了这个教条，他的思想让人类所认知的世界又扩大了成千上万倍。

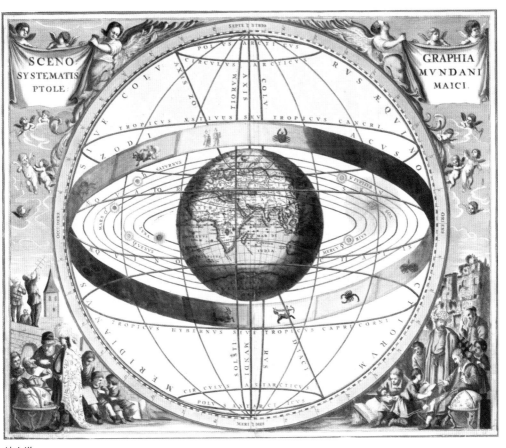

地心说

浑天说与盖天说

当西方人把搜寻世界边缘的目光从大地移向天际，中国人也开始意识到大地可能是球形。战国时期（公元前475—前221年），中国出现了浑天说，认为世界像个鸡蛋，大地像其中的蛋黄，是球形的，天包着地，如同蛋壳包着蛋黄一样。

当时，和其他国家比较起来，中国天文学还是很牛的。东汉天文学家张衡（78—139）在《浑仪注》中写道："浑天如鸡子，天体圆如弹丸。地如鸡子中黄，孤居于内，天大地小。天表里有水，天之包地，犹壳之裹黄。天地各乘气而立，载水而浮。"他甚至发现了月亮阴晴圆缺的原理，在《灵宪》中写道："月光生于日之所照，魄生于日之所蔽。当日则光盈，就日则光尽也。"（大意是说：月亮上亮的部分是因为被太阳光照耀，暗的部分是因为没被阳光照到。）据说他也发现了月食的原理。

世界这颗"鸡蛋"外面是什么呢，张衡承认不知道，说宇宙可能无穷大："过此而往者，未之或知也。未之或知者，宇宙之谓也。宇之表无极，宙之端无穷。"10

虽然浑天说比主张"天圆地方"的盖天说更符合观察到的星象，却并未立即取代后者，而是两者并存了两千年。从南北朝起，有人试图把两者结合起来，出现了"浑盖合一"的理论。如北齐的信都芳（公元五世纪）说："浑天覆观，以《灵宪》为文；盖天仰观，以《周髀》为法。覆仰虽殊，大归是一。"（大意是说，浑天说是从上往下看，盖天说是从下往上看，基本上只是看问题角度不同。）梁朝的崔灵恩（公元六世纪）也认为"浑盖合一"："先是儒者论天，互执浑、盖二义，论盖不合于浑，论浑不合于盖。灵恩立义以浑盖为一焉。"用今天的宇宙观看，这种结合和真实情况是符合的。

但中国天文学家们始终没有把这件事弄个水落石出，似乎也没想到地球和太阳谁绕着谁转的问题。直到至少唐朝，中国人都把天上的星宿和地上的州域联系在一起，根据地上的区域来划分天上的星宿，认为某星是某国的分星，某某星宿是某某州国的分野，这就像说南极星仅仅在湖南上空，而北斗星仅仅在湖北上空那么荒唐。

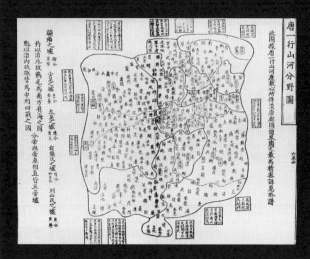

唐一行山河分野图（此图是唐代高僧和天文学家一行（683—727）绘制的，标示了京城、州郡、山河以及与之相对应的星次和星宿等，这是一种天文和地理相结合的特殊地图）

临终出版的书

1543 年 5 月 24 日，虽然理应是初夏，波兰北部的滨海小镇弗隆堡（Frombork）仍然寒风飕飕。入夜了，潮湿的海风凝结成雾，把古老的弗隆堡大教堂裹得严严实实，长满青苔的石墙上湿漉漉的，晦暗的彩绘玻璃窗里透出一线微光。窄小的房间里只点了一支蜡烛，橘黄色的光芒一闪一烁地跳跃着，勾勒出病榻上老人苍白、瘦削的脸。他双眼紧闭，不省人事。

梭尔法医生心情沉重地看着病人，知道他活不过今天晚上了。一年多前，老人脑中风，瘫痪在床。从此，他的身体像燃尽的油灯，每况愈下。今天他再次昏迷，医生在等他醒过来，要给他看一眼刚刚收到的书——它也许能让他更容易割舍人间，释然地踏上去天国的路。

医生把又厚又重的书放在膝盖上。它是刚印出来的，还散发着油墨的香味。书的封面是皮制的，很深的褐色，压制有精美的花纹。封面和封底之间有两个金属扣子，以确保书在合上时紧致地并拢而不散开。

这本书耗费了病人三十多年心血，和他今天精力耗竭的状况不无关联，但病人对书的内容一直守口如瓶，而且对出版一拖再拖。医生很好奇，书里究竟写了些什么稀世真言？

病人毫无声息地躺着，医生无事可做，于是小心翼翼地打开书。但刚翻了几页，他的表情就从凝重变成了不安，继而几乎鄙夷。他鼻子里哼了一声，翻的速度也越来越快了。他开始可怜床上躺着的这个人——书里一派胡言，许多常识都弄颠倒了，而且达到了渎神的边缘。

老人轻轻咳了一声，眼皮慢慢地睁开了。医生赶紧放下书，扶他吃力地坐起来，把一个枕头垫在他身后，然后把书放在被子上。老人原本无神的眼睛里有光闪动了一下，就像一位刚刚经过精疲力尽的分娩的母亲，第一眼看到新生的婴儿。他眼里涌出一滴浊泪，瘦骨嶙峋的手开始剧烈地颤抖，但无力挪动。医生赶紧托起他的手，放在冰凉的封面上。

医生犹豫再三，终于忍不住问了个这个时候最不适宜的问题："地球如果在绕着太阳转动，为什么大地纹丝不动啊？"

老人嘴角抽搐着，却发不出声音。他似乎用尽了全身力气，在封面上摸了一下，就不动了，眼睛安详地闭上，离开了让他感到压抑和恐惧的人间。他摸的地方镂有他名字：哥白尼（Nicolaus

神父哥白尼

《天球运行论》

Copernicus，1473—1543）。这本书叫做《天球运行论》，提出了
和当时统治世界的地心说截然相反的日心说。

不务正业的教士

　　许多人误以为哥白尼是天文学家、反基督教斗士，他们哪里
知道，哥白尼是个虔诚的基督徒，根本就是个教士，只是在业余
时间研究天文。他曾在博洛尼亚大学（Bologna University）和帕多
瓦大学（University of Padua）攻读基督教会法、医学和神学，后来
在费拉拉大学（University of Ferrara）获得教会法博士，成年后的

大部分时间在当教士，也行医。

《天球运行论》英译本的导言写道：这本书并不是"在不受干扰的安宁环境中写就的，而是一个担心丢掉饭碗、偶尔还得在烦扰不断的大教堂教士会任职的成员，利用点滴的空闲时间撰写的"。一个教士研究天文，岂不是不务正业？他之所以这么做，是出于对上帝的虔诚，因为他认为当时的天文学家都不称职，没能充分展现上帝的伟大和美。

当时的天文学是基于地心说的，导致许多星球运行的轨迹用数学描述的时候极其复杂、"丑陋"。如果把宇宙比作一个圆，那么天文学就像是要找到描述这个圆的方法。假如你找到圆心，直接说"和该点等距离的点组成的一圈就是圆"就可以了，简单而"优美"。但如果你误把不是圆心的地方当圆心可就麻烦了，圆上的点离"假圆心"有的远，有的近，参差不齐，描述起来麻烦得多，也"丑陋"得多。

信奉完美上帝的哥白尼无法忍受这种"丑陋"，"对（以前的）哲学家们[11]不能更准确地理解这个由最美好、最有系统的造物主为我们创造的世界机器的运动而感到气恼"[12]。他只好越俎代庖，自己挽起袖子来展现上帝的绝伦之美。

哥白尼这样伟大的科学家竟是个教士，日心说这样伟大的科学发现竟是出于对上帝的虔诚，即使在今天，许多人仍然无法想象。他们认为宗教和科学是水火不容的，只有相信无神论，才能得出正确的科学结论。他们脑子里有两个非此即彼的"格子"：一边是有神论者的谬论，另一边是无神论者的真理。我把这种狭

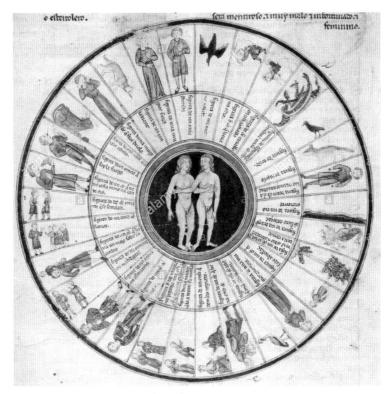

一本中世纪西班牙语占星学教科书中的插图
（描绘各种恒星或星座与双子座的协同效应）

隘的思维方式称为"格子综合征"。

　　这"格子"是荒唐可笑的，因为无数伟大的科学家，包括牛顿、爱因斯坦都是有神论者。在哥白尼时代，天文学和占星术甚至是同一门学科，"有些人称之为天文学，另一些人称之为占星术，而许多古人则称之为数学的最终目的"[12]。继哥白尼之后的著名天文学家开普勒（Johannes Kepler，1571—1630）的"终身职业"实质上是星相家，主要任务是替皇帝占星算命。开普勒说："当万物有序，如果无法从元素的运动或物质的组成中推断出其原因，那么这原因很可能具有智慧。"他的遗稿中有 800 多张占星图，他相信"新生儿的阴魂被他降生的那一瞬间的星象打上了永恒的烙印，他下意识地记得这个烙印，而且在类似的星象再次出现时会感到"。

在本书中，我们将一次次看到，科学和宗教并非常人所以为的你死我活的宿敌，而是如影随形的朋友。正如爱因斯坦所说："科学离开了宗教是瘸子，宗教离开了科学是瞎子。"

哥白尼为什么拖到生命的最后一天才出版《天球运行论》啊？难道他到晚年才想到书中的内容？不是。书中的主要思想，他 40 岁时就有了，当时他还写了个约 40 页的提纲，在密友中传阅。但出不出这本书，他犹豫纠结了 30 年，因为两个深深的恐惧。

一是怕教会打击迫害。哥白尼感到特别委屈，因为自己对上帝的虔诚不逊于任何人，但把持教会的人可不管他虔不虔诚，他们自封为上帝的代表，反对他们，就是亵渎上帝。

二是怕被嘲笑。在那个年代，即使是说地球在运动，也会被笑掉大牙，因为大地明明纹丝不动。哥白尼知道，迎接这本书的绝不会是鲜花和掌声。在序言（《致教皇保罗三世陛下》）中，他诚惶诚恐地写道："您或许想听我谈谈，我怎么胆敢违反天文学家们的传统观点，并且几乎违反常识，竟然设想地球在运动。"……"如果学者们看到这类人（指那些'对天文学一窍不通、

日心说

却自诩为行家里手的人')讥笑我的话，也无需感到吃惊。"……"我不由得担心自己理论中那些新奇和不合常规的东西也许会招人耻笑，这个想法几乎使我完全放弃了这项已经着手进行的工作。"[12]

嘲笑，几乎每次伟大的思想诞生时都会遇上它，难怪老子曾说，"不笑不足以为道"（如果不被嘲笑，就肯定不是伟大的智慧）。爱因斯坦也曾发出类似的感叹："伟大的思想总是遭到平庸意识的疯狂抵制。平庸意识无法理解那种拒绝盲目地向传统偏见低头，而选择勇敢诚实地表达意见的人。"

哥白尼的边缘

对哥白尼来说，宇宙是什么形状呢？《天球运行论》的第一句就说："首先应当指出，宇宙是球形的，这或许是因为在一切形状中，球形是最完美的。"[12] 这多像毕达哥拉斯啊，只是他把"完美的球形"运用到了更大的领域——整个宇宙。

但他也受到那个时代的限制，相信"天球"。书名《天球运行论》（De Revolutionibus Orbium Coelestium）中的"Orbium"，指的就是"天球"[13]。他认为"太阳是宇宙的中心"，而且"天球"的最外面是一层静止不动的"恒星天球"。

"天球"有多大呢？哥白尼承认不知道："天不知道要比地大多少倍，可以说尺寸为无限大。"……"天的尺寸比地大很多，但究竟大到什么程度则是完全不清楚的。"[12] 因为他提到了"无限

天球（Robert Fludd（1574—1637）绘制）

大"，他所认知的宇宙应该比阿基米德的宇宙大。

　　哥白尼逝世后一百多年，"天球"的观念仍然根深蒂固地统治着人类，直到一个年仅22岁的小伙子仅仅凭思想就证明"天球"并不存在，使人类冲破了它的束缚。

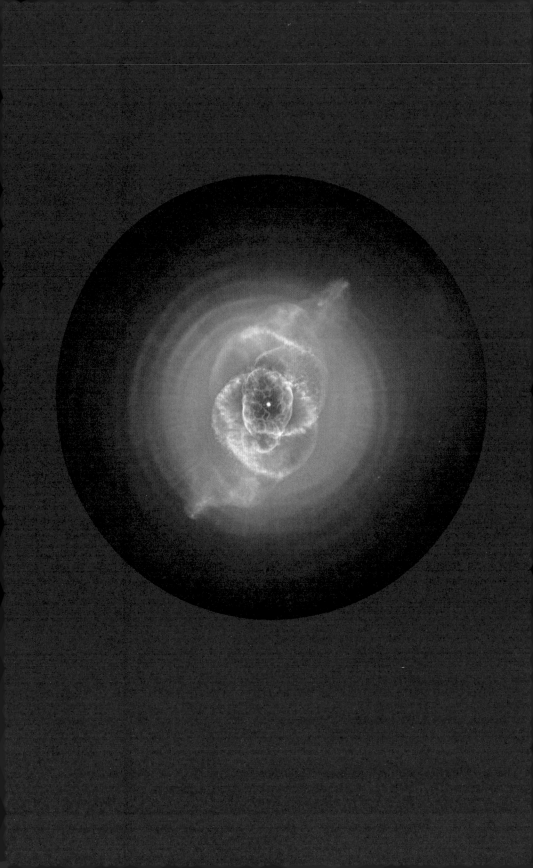

第二章

时空框架的边缘

猫眼星云（NGC6543）位于德拉科星座北部，是赫歇尔发现的。

> 如果一个人不懂得宇宙的语言，即数学的语言，他就不能够阅读宇宙这本伟大的书。
>
> ——伽利略

无论对于夸父、毕达哥拉斯、阿基米德还是哥白尼，神圣的天国都遥不可及。那里住着神，有着和人间不同的律法。可怜的人类被束缚在地球表面，对天空只能仰望和膜拜。

但我们已经知道"迷宫"的边缘不在地球上，不去天国，如何能找到它？让我们插上思想的翅膀，去揭开天国的秘密。

失败的农民

1643年1月4日是圣诞节（我没搞错，当时英格兰仍使用着旧的儒略历，所以那天是1642年的圣诞节），英格兰林肯郡的伍尔索普庄园（Woolsthorpe Manor）里，一个农民家庭喜气洋洋，热切地期待着一条新生命的诞生。忍着阵阵剧痛分娩的母亲是个新寡，就在三个月前，她丈夫去世了。午夜刚过一小时，一个男婴呱呱坠地。因为早产，他瘦小得出奇，"可以装进一夸脱（大约一升）的杯子里。"母亲后来回忆说。

她忧心忡忡地看着瘦弱的孩子，暗暗发了个弘誓大愿：希望他能健壮起来，成为一个干农活的好手。但男孩长大后未能如她所愿，干起农活来不仅糟糕透顶，而且心不在焉。这虽然令母亲失望，却着实是全人类的幸运，因为他在没干农活时所做的工作，让人类对世界的认知前进了一大步。

这个婴儿的名字叫艾萨克·牛顿 (Isaac Newton, 1643—1727)。

现代父母竭尽所能要给子女提供一个良好的家庭环境，为的

牛顿的家

是培育出像牛顿一样的栋梁之才。但他们不知道的是，牛顿是在非常恶劣的家庭环境中长大的，不仅穷，而且缺乏亲情。他还不到两岁时，母亲再婚了，他对她和继父非常敌视，曾威胁"要把他们连同房子一起烧掉"。牛顿被交给祖母抚养，直到 9 岁时继父去世。

　　母亲指望他务农以减轻家里的贫困，但他热爱读书，对农活毫无兴趣。11 岁时，母亲不得不送他到离家十几公里的金格斯皇家中学读书，他的生活中因此增添了些许阳光。他成绩出众，热爱学习，对大自然的奥秘怀有强烈的好奇。他寄宿在一位药剂师家里，受到了化学试验的熏陶。

　　16 岁时，母亲逼他退学务农，他虽然顺从了，但耕作让他很不快乐。所幸金格斯皇家中学的校长斯托克斯（Henry Stokes）说服了母亲，他被送回学校完成学业。他 18 岁进入剑桥大学的三一学院读本科，四年后获得学位，正赶上英国鼠疫流行，各大学都关闭了，他被迫回到家乡。在接下去的 18 个月里，他度过了一生中最有创造力的时光。

突破天上和人间的界限

　　在牛顿以前，人们认为天国是神住的地方，遥远而神圣，主宰天国和人间万物运动的律法理所当然不一样，所以天和地是分离的，亚里士多德甚至认为天上的物质是由水晶组成的。

　　人们以为物体运动是因为它们的"冲动"和"欲望"。哥白尼写道，大地的重性"是神圣的造物主植入物体各部分中的一种自然欲望，以使其结合成为完整的球体。我们可以假定，太阳、月亮以及其他明亮的行星都有这种冲动，并因此而保持球状"[12]。石头落到地上，是因为有"奔向地心的欲望"；月亮不掉到地上，因为它没有这种"欲望"。

也许是初生牛犊不怕虎，牛顿认为物体没有"冲动"和"欲望"，天上和人间都遵循着相同的规律，而这些规律可以用数学来表达。当时他只是个穷学生，没有实验室和资金，是如何做出如此重大发现的呢？他运用了一种所向披靡的利器，叫做"思想实验"，说白了，就是在脑子里"做实验"。

月亮为什么不从天上掉下来？他是这样进行思想实验的：在一座山顶上放一门大炮，向与地面平行的方向发射一枚炮弹。炮弹会飞行一段距离后落到地上。它速度越大，飞得就越远。地球是圆的，只要炮弹的速度足够高，就能绕地球一整周，然后周而复始，一直转下去。月球像这永不落地的炮弹一样，在以很高的速度绕地球转动。

天圆地方与君尊臣卑

牛顿生活的年代在中国是明末清初。大清闭关锁国，绝大多数中国人并不知道牛顿的理论。人们讲究"务实"，财富积累要"短平快"，没有哪个脑子正常的中国人会浪费时间去探讨"苹果为什么会落到地上"之类没用的问题。

盖天说虽然漏洞百出（例如，若天圆地方，天地的边缘就无法结合了），却被满清皇族推崇，因为它符合儒家"天尊地卑"的等级观念。他们把"天尊地卑"和"君尊臣卑"关联起来，主张君王执"天道"而圆转，臣下执"地道"宜方正。在北京，清朝建的天坛是圆的，而地坛则是方的。

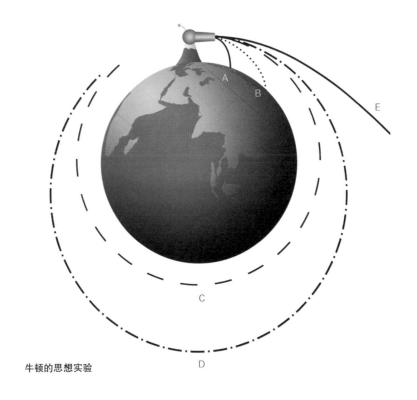

牛顿的思想实验

　　通过这个思想实验，牛顿发现了万有引力定律：星球之间有
万有引力，其大小和它们之间距离的平方成反比，和它们质量的
乘积成正比。据传说，这定律是因为苹果从树上掉下来砸在他头
上，他才想到的。牛顿本人对这故事不置可否，我认为是后人杜
撰的——如果一个人要被苹果砸头才知道苹果都是往下落的，他
一定聪明不到发现万有引力定律的程度。

思想实验是个被科学家们频繁使用的工具，但"思想实验"这个词就和"虚假的真实"一样，是自相矛盾的。"思想"和"实验"貌似截然相反——"思想"不是"实验"，"实验"不是"思想"，怎能混在一起？但一些顶尖的科学家却将两者合二为一，而且屡试不爽。

　　牛顿虽然坚信万有引力定律，但对这种力本身却感到困惑。星球之间隔着遥远的真空，它们是如何彼此吸引的呢？他在一封信中写道："无生命无意识的物质，可以在没有其他非物质因素介入的情况下，对其他物质起作用，在没有相互接触的情况下产生影响，这实在是不可思议。"后来，爱因斯坦也有同样的困惑，并创造出广义相对论来解释。

　　牛顿41岁时遇到了一个命中贵人——英国天文学家、地质学家、物理和数学家哈雷（Edmond Halley，1656—1742）。他比牛顿小十多岁，而且没有牛顿聪明，却成了牛顿的"伯乐"。他得知牛顿发现了万有引力定律，立即就明白了其重要性，竭力鼓励他发表，牛顿于是写出了一生中最著名的著作《自然哲学的数学原理》[14]。

　　虽然这是本空前绝后的著作，除哈雷外却无人重视，甚至筹措不到出版发行的资金。哈雷便毅然自掏腰包，帮助牛顿于1687年出版了此书。为了让该书被更多人接受，哈雷甚至致信英国国王，做了深入浅出的介绍。

哈雷

牛顿的发现之一是静止和匀速直线运动是一回事。即使在以20万公里每秒风驰电掣般运动，和纹丝不动也一模一样。为了阐明这一点，让我们来做一个思想实验。

假想你是个宇航员，在太空中静静地飘着，你在一个漆黑一团的地方，周围的星星遥远得看不见。这时，你的耳机里传出一个声音："你是静止的吗？"

宇航员

你检查了一下自己全身，都没有动。"当然！"你肯定地回答，"我是静止的。"

这时，远远地出现了一个亮点，而且越来越近，原来是另一个宇航员，他匀速地从你身边"滑"了过去。

"你还认为自己是静止的吗？"耳机里的声音又问道，"刚才那位宇航员在动吗？"

"是啊，我是静止的，刚才过去的那位在匀速直线运动。"你仍然很肯定。

"但他认为自己没动，而你在做匀速直线运动。"在另一个宇航员眼里，你在运动，而他是静止的。

你们的观点完全相反，但都正确，因为你们用了不同的参照物（都是自己）。也就是说，即使你的状态一模一样，因为所选择的参照物不同，你可以是静止的，也可以是在做匀速直线运动，这两者无论在你的感受上，还是在物理的"实质"上，都是一样的。无论多快的东西（除了光以外），只要你选择同样快的东西做参照物，它都可以被认为是静止的。

这一现象看似简单，却有深远的哲学意义。动和静是一对阴阳，它们看似截然相反、矛盾对立，但其"实质"却是等同的。与它们一样，所有的阴和阳都显得截然相反、矛盾对立，但它们的"实质"却是等同的。

动、静是一对阴阳

让我再举个例子。东和西是一对阴阳，它们貌似截然相反，却是等同的。设想你沿着赤道或任何一条纬线向东一直走，走到东的"尽头"，你会从西边出现，反之亦然。也就是说，东可以是西，西也可以是东；东到极处是西，西到极处是东。东和西，只是相对于彼此而言的，其"实质"是一样的。

地球

波与粒子的宿怨

随着这本书的传播，科学界终于看见了牛顿理论的精美。人们就像一群住在山洞里的野人，在他所创建的巍峨宫殿前顶礼膜拜。却有一个桀骜不驯的，不仅不跪拜，反而声称这"殿堂"里有他贡献的砖瓦，此人叫胡克（Robert Hooke，1635—1703）。他扬言《自然哲学的数学原理》中关于万有引力和距离的平方成反比的思想是他在通信中告诉牛顿的，牛顿至少应该提一下他的贡献。牛顿虽然承认胡克确实给他写过该信，却坚称自己在收到信之前就已经有此思想了，于是两人争论不休，成了科学史上著名的公案。

胡克绝非等闲之辈，牛顿还在读大学时，他的声望就已如日中天了。他发现了胡克定律，首次用显微镜看到并命名了细胞，于1665年发表了《显微图谱》（*Micrographia*）一书，是英国皇家学会（Royal Society）第一本主要的出版物。他兴趣广泛，多才多艺，在力学、光学、天文学、物理和化学等多方面都有杰出贡献，被称为"伦敦的达芬奇"、英国的"双眼和双手"。

牛顿第一次和他打交道，是29岁（1672年）当选皇家学会会员时。牛顿兴奋地给学会寄去了一篇论文，提出了一个自认为是划时代的发现——光是由粒子组成的，就像一颗颗微型的子弹。牛顿发现三棱镜可以将白色的日光分解成红橙黄绿青蓝紫七种颜色，所以他认为，白光是由七种不同颜色的粒子混合而成的。

在那之前的大约20年里，以胡克为首的科学家们一直在宣扬

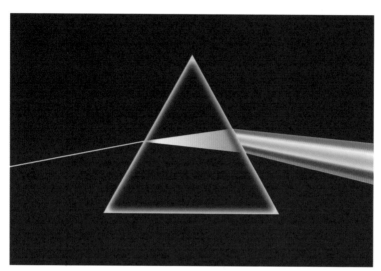

三棱镜分光

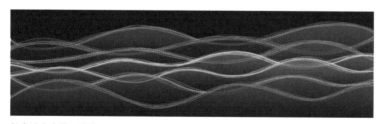

胡克认为光是一种波

"波动说"——光是一种波，就像水面的波纹一样。因为胡克的声望，极少人敢向波动说挑战。

"子弹"和"波纹"显然有着天壤之别，乳臭未干的牛顿在说伟大的胡克错了，这还了得！但牛顿对自己的发现深信不疑，天真地以为真理面前人人平等，满心希望聪明的胡克能理解和接受他的理论，回报他的却是猛烈的抨击。牛顿无法忍受这种狭隘和愚蠢，一度威胁要退出皇家学会。

按咱们中国人的话说，牛顿和胡克八字不对，自那以后冲突不断，持续了约 30 年。1675 年，牛顿的另一篇光学论文招来了胡克更猛烈的抨击，认为文中大部分内容是从《显微图谱》中搬来的，只是做了些发挥。

两人进行了一番英国绅士间特有的、彬彬有礼又暗藏杀机的通信。在致胡克的信中，牛顿写道："笛卡儿（的光学研究）迈出了很好的一步。阁下在一些方面又增添了许多，特别是对薄板颜色进行了哲学考虑。如果说我看得更远一点的话，是因为站在巨人的肩膀上。""站在巨人的肩膀上"日后成了牛顿的名言，但在这封信里，他只是在讽刺胡克身材矮小、背驼得厉害。

后来，牛顿因为一系列划时代的发现而日益受到崇拜，而暮年的胡克越来越少人理睬，变得抑郁、多疑和忌妒，终于于 1703 年在备受疾病折磨后逝世。几个月后，牛顿当选为皇家学会会长。他新官上任的三把火之一，是将学会搬到一个新地址，在搬迁中，胡克的所有收藏和仪器都悄没声息地"丢失"了。

随着胡克消失在历史的长河里，他所主张的"光波动说"也几乎销声匿迹。正如普朗克（Max Planck，1858—1947）所说："一个重要的科学发现之所以取得胜利，很少是通过逐渐征服和转变对手，而是对手都死光了。""科学的进步是一步一个葬礼进行的。"

夜深了，崭新而气派的皇家学会大楼里空空如也，人们都回家了，但会长办公室里仍透出昏暗的灯光。牛顿愁眉不展，正为一个重大决定举棋不定。他背着手，在崭新的红地毯上来回踱着步。

他头上戴着的假发，是全伦敦最著名的假发世家的杰作，用来做假发的马尾毛已经有些发黄，上面扑了许多防虫的白粉。他不是没钱买新的，而是假发越旧，所象征的身份和地位越高贵，他不愿意扔。他脖子上缠着雪白的围巾，披着皇家学会特制的灰色袍子。毕竟是67岁的老人了，他有些佝偻，活像一只秃鹫。

胡克

牛顿

在他看来，面前这个难题比当初发现万有引力定律容易不了多少。他在决定一幅胡克肖像的命运——是允许它继续挂在皇家学会尊贵的墙上，还是把它毁掉。这是一副丑陋的画像，尖嘴猴腮小眼睛，一看就不是好人。每次看到它，牛顿都会觉得一阵恶心。

他知道，胡克因为丑陋，生前不喜欢画像，这也许是世间唯一的一幅，把它毁掉，后人将不再知道胡克的长相。他朝墙上那幅面目可憎的画像看了一眼，心中涌起一丝怜悯。胡克啊胡克，你也算是个天才，和我斗了一辈子，到如今却什么也没落下。

那画静静地挂在墙上，眼睛直勾勾地盯着牛顿。

他觉得脊梁一阵发凉，许多令他愤愤不平的回忆被勾了起来。显微镜不是你发明的，你只是发表了几幅显微镜下看到的图案就成了微生物学之父，简直是欺世盗名！有权有势的时候，你总是盛气凌人、居高临下，利用声望打击意见不同的科学家，活该也有今天！

牛顿不由得心头火起，冲上去把画扯下来摔在地上，又狠狠地踩了几脚。画裂了，胡克脸上满是脚印，仿佛在哭泣。牛顿把画从镜框里抠出来，撕了个稀巴烂，揉成一团，以免有人看出这是胡克的画像，然后扔掉了。[15]

牛顿的"大钟宇宙"

沿着科学走向神

因为牛顿的发现，人类对天界的敬畏和神秘感减低了许多。也许空灵的天际并非神居住的地方；也许神圣的星辰只是一块块被万有引力拽着转圈的石头。

在牛顿眼里，横平竖直的空间和匀速流淌的时间组成了一个永恒不变、僵硬独立的"时空框架"，就像一个方方正正的盒子，星球万物在这个"盒子"里精确地按照数学规律运行。可以根据一个星球现在的位置和速度，算出它一天、一年、一千年、一万年后的位置和速度。宇宙就像一口硕大无比的"钟"，只要知道它现在几点几分，就能算出未来任何瞬间几点几分，毫无悬念，直到永远。

他的这个想法符合直觉，直到今天都是大多数人对世界的认知。如果世界是口"大钟"，每个人可以被看作一口精密的"小钟"，由大脑、身体等"部件"组成。既然"大钟"的未来是确定、可预知的，"小钟"的未来岂不也应该是确定、可预知的？那么，人的命运岂不应该是确定的？无论人怎样选择，都无法改变未来，所谓的"自主意志"只是个假象。这是当今科学界最流行的观点之一，它简单地把人当成了机器，不承认除了原子、分子等"机械部件"以外，还有意识的存在。

意识是什么？牛顿没法回答这个问题，但他相信在能看到的物质以外，必须有更伟大的力量在起作用。他的逻辑很简单：世界这口"大钟"不会凭空出现，而且不可能平白无故地开始运动，它需要"第一推动力"，一定是神创造了它，并上了"发条"，让它滴答滴答地走起来。

牛顿活了84岁，仅仅在前半生研究正儿八经的科学；后40年中，他忙于研究神学和炼金术，写下了大本大本的关于《圣经》的研究和预言，被后人称为"最后一个炼金术士"。许多人认为他是误入歧途，从伟大的科学家"堕落"成了基督徒，他们真是大错特错——牛顿毕生都是虔诚的基督徒，他进行科学研究是为了膜拜上帝。他认为，世界是上帝创造的，是上帝神性的表现，人类可以通过研究科学去认识上帝，揭示上帝的伟大之手，而科学家最崇高的职责便是证明上帝的存在和认识他的完美。他高举着"自然神学"的大旗，把自己看成是"自然的大祭司"。

基督教认为神创造了宇宙（一本八百多年前出版的法语《圣经》中的插图）

他所信奉的上帝并非常人心中白发苍苍、蓄着大胡子，高兴了就奖励，不高兴就惩罚的上帝，而是抽象的上帝。牛顿说："他绝对超脱于一切躯体和躯体的形状，因为我们看不到他，听不到他，也摸不到他；我们也不应该向着任何代表他的物质事物礼拜。"……"他是永恒的和无限的，无所不能的，无所不知的。"[14] 这一点和佛教信仰很像。在《金刚经》里，佛说："若以色见我，以音声求我，是人行邪道，不能见如来。"（也就是说，佛是看不见也听不见的。）

比起相信世界在一个无形的"天球"中转动的哥白尼来说，牛顿所认知的世界更加辽阔，但他却说："我不知道世人怎样看我，但我自己以为我不过像一个在海边玩耍的孩子，不时为发现比寻常更为美丽的一块卵石或一片贝壳而沾沾自喜，至于展现在我面前的浩瀚的真理海洋，却全然没有发现。"后人多以为他这是在谦虚，但从来的发现看，确实有个"量子的海洋"牛顿完全没有发现。

导致这个海洋被发现的，是一个年轻的医生，但他直到去世，都不知道自己所开辟的蹊径，通向怎样一个匪夷所思的世界。

◉ 牛顿定律中的哲学 ◉

牛顿的定律看似复杂难懂，其实只是基于简单的道理和哲学。以牛顿第二运动定律为例：

"物体加速度的大小跟所受外力成正比，跟物体的质量成反比。"

假如把速度比作一个湖的水位，外力比作外来的水（下雨），而质量比作湖的大小，就容易理解了。牛顿在说：水位增高的速度（即加速度）和雨的大小成正比，和湖的大小成反比。这不是大白话吗？

再让我们来看看牛顿第一运动定律：

"任何物体都要保持匀速直线运动或静止状态，直到外力迫使它改变运动状态为止。"

牛顿在说：如果没下雨，湖的水位就不变，要么为零（速度为零，即静止状态），要么是某个恒定值（速度恒定，即匀速直线运动状态）。

如果没有外力来干预，物体的速度不会改变——原本静止，不会无缘无故地动起来；原本匀速直线运动，也不会莫名其妙地停下来，或改变方向。这是因果律的体现：任何结果都必须有原因；在没有改变的原因时，就没有改变的结果，就会守恒。从某种意义上说，守恒率是因果律的一个特例。

自费出版物理论文的医生

伦敦少有晴朗的天气，有人把它比作一个美丽的女人，只是总在哭泣。薄雾中，绵绵细雨已经飘了近一个星期。一个头发卷曲，额头很高，面貌清秀的年轻人走在大街上，昂贵的皮鞋沾满了泥浆，在湿漉漉的石板地上发出咔咔的声响。他穿着考究的呢子大衣，雪白的衬衫，领子浆得很硬挺。

寒风中，他不由自主地缩了缩脖子。他腋下夹着一本薄薄的手稿，已被淋得半湿。这本其貌不扬，题为《声和光的实验和探索纲要》的册子，已经被十多家出版社退稿。今天，他好容易约到和一个出版社的总编见面，心里七上八下，但又怀着一线希望。

他叫托马斯·杨（Thomas Young，1773—1829），从小就是个神童。21 岁时，因为对眼睛调节机理的研究，成为英国皇家学会会员，23 岁在德国哥廷根大学获得医学博士学位，27 岁起在伦敦行医。他叔父留下了一笔巨额遗产，使他在经济上完全独立，能够把所有的才华都发挥在需要的地方。虽然他的"正当职业"是医生，他却像哥白尼一样"不务正业"，把大量时间"浪费"在物理、语言、考古等多个领域里。

杨被请进一间墙很厚，窗户窄小，旧书味很浓的办公室。"阁下的大作我仔细拜读过了……"总编把手稿拿起来翻了两下，又"啪"地扔回桌上。这论文他才读了半页就读不下去了，要不是杨氏家族很有钱，杨氏又顶着最年轻的英国皇家学会会员的头衔，他才不会浪费时间见他呢。"据我所知，您是位杰出的医生，怎么

托马斯·杨

会有闲情逸致，对光本性这样艰深的物理问题感兴趣？"

"我的职业并不重要，重要的是我证明了光是一种波……"

"啊，光是波，这让我想起胡克那个倒霉蛋，这陈旧的理论早就随他一起进坟墓了吧？"他用白皙的手捂住嘴，竭力压制住一个哈欠，但他那微微湿润的眼睛似乎让杨氏有所察觉。

"光的波动说虽然鲜有人提，但并非是错的，我设计的'双缝实验'为它提供了崭新的证据。"

杨氏的双缝实验很简单：在一个不透光的屏上划两条相邻的

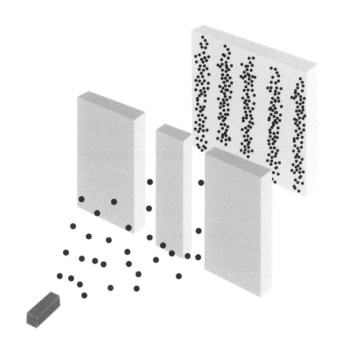

双缝实验示意图

缝（他最初是用两个针孔而不是两条缝，但基本原理是一样的），在后面平行地放一张屏。在有双缝的屏前面放一个光源，后面的屏上会出现一排竖杠，这是因为穿过两条缝的光互相干涉造成的，证明光是一种波。

　　"但波动说违背了伟大牛顿关于光是粒子的理论，显然是错误的！"总编掏出怀表，瞟了一眼。

　　"尽管我仰慕牛顿的大名，但是我并不因此认为他是绝对正确的。"杨氏中学时就读了《自然哲学的数学原理》，一直很崇拜牛顿，他多希望自己的实验结果和牛顿的理论是一致的啊！"我遗憾地看到，他也会弄错，而他的权威有时甚至可能阻碍科学的进步。"

"牛顿阻碍科学的进步？！"总编腾地从椅子上站起来，"他就是科学的化身！"牛顿逝世后的七十多年里，已成为英国人心目中的"科学之神"，任何对他的挑战都是亵渎。"阁下的大作不太适合敝社发表。"总编带着英国绅士那种近乎傲慢的礼貌说。

这篇论文是自牛顿以来在光学上最重要的发现，却无处发表。牛顿的权威让人们的大脑停止思考，心灵彻底关闭，连花一丁点时间理解"双缝实验"的兴趣都没有。正如爱因斯坦所说："盲信权威是真理的最大敌人。"

这并非那个时代独有的毛病，就是在今天，人们无论撞上什么理论，第一反应还是问宣扬理论的人是否"正统"，门派是否"正宗"，职业是否"正当"，而不是探究理论本身是否有道理。这些以"正"字开头的词是禁锢着人类心灵的一个牢笼，我把它叫做"'正'字牢笼"。

最终杨氏只好自费出版，但迎接他的是嘲讽和打击，有人说他是疯子，更多的人甚至无心理会他在说什么。这令他十分沮丧，于是把兴趣转向了考古学研究，最先破译了数千年来无人能解读的古埃及象形文字。他建树颇多，却在 56 岁就早早去世。

连杨氏自己都没想到，双缝实验在人类习以为常的"现实"幕布上撕开了一条裂缝，得以窥视它后面隐藏着的神秘世界。请暂时按捺一下好奇，在本书的后半部，我们终将到达这个世界。

杨氏破译的罗塞塔石碑（Rosetta Stone）

让我们在寻找世界边缘的路上继续前行。宇宙究竟有多大？它真像哥白尼说的那样是球形吗？一个颇有名气的音乐家，发现宇宙不是球形而是盘状的，它的半径比阿基米德所说的 18 亿公里大得多。

输在起跑线上的孩子

至少在科学方面，许多中国父母会说赫歇尔（Friedrich Wilhelm Herschel，1738—1822）"输在了起跑线上"，因为他父亲只是个军乐师，而且因家境所迫，他连大学都没读上。他出生在德国汉诺威，16 岁就离开了学校，像父亲一样在禁卫军乐团里当小提琴和双簧管演奏员。18 岁时，德法间的"七年战争"爆发，第二年，法国占领了汉诺威。这年轻人讨厌战争，于是当了逃兵[16]，渡海到了伦敦。

赫歇尔的音乐天赋拯救了他。他 28 岁成为英国巴斯（Bath）著名的风琴手兼音乐教师，30 岁就已经在音乐上功成名就，生活富足。要是一般人，不会在这个年龄放弃欣欣向荣的事业，去追求什么梦想，但他不是一般人。

他有一个不仅不赚钱而且和音乐毫无关系的梦想——探索璀璨的星空。银河为什么看上去像条河？宇宙是什么形状？他没有像许多有梦想又不敢行动的人那样磨叽一辈子，而是说干就干！虽没受过正规天文学教育，他决定自制望远镜观察太空。35 岁时，他亲手制造了一架天文望远镜，可放大约 40 倍。据说他一生磨制

赫歇尔

了 400 多块反射镜面，还制造出一架当时世界领先的口径 1.22 米、镜筒长达 12 米的大型反射望远镜。

夜复一夜，本可以靠音乐轻而易举地赚钱的赫歇尔搜寻着孤寂的太空；年复一年，他用本可以弹出美妙音乐的纤长手指磨制着越来越大的镜片。因为热爱，所以细致；因为热爱，所以能持久。43 岁时，他发现了一颗新的行星——天王星，轰动一时，甚至惊动了英王乔治三世。六年后，他发现了天王星的两颗卫星，八年后又发现了土星的两颗卫星。

天王星

　　赫歇尔决定弄清天上的星星是怎样分布的。他把天空分成几百个区域，然后数出每个区域中能看到的恒星数。他发现，越靠近银河，单位面积上的恒星数目就越多，而在与银河平面垂直的方向上星星数目最少。他明白了银河为什么看上去像条河——宇宙是盘状的，从盘子的中间沿着盘子的平面看出去，就会看到银河。

　　这"盘子"有多大呢？当时人类还无法测算地球和太阳系外其他恒星间的距离，赫歇尔于是用地球到北半球天空中最明亮的

赫歇尔的宇宙

恒星天狼星（Sirius，又称为大犬座 α）的距离为单位，将其定义为"1天狼星米"。基于星光的强度和距离的平方成反比的关系，赫歇尔算出了宇宙的大致尺度：宽约1000天狼星米，厚约100天狼星米[17]。

　　我们今天知道，天狼星距地球约8.6光年，因此赫歇尔所认知的宇宙的半径大约是4300光年，约4亿亿公里，比阿基米德所认为的18亿公里大了约2200万倍。又一次，人们认为世界已经大得不能再大了。

大犬座和天狼星

　　随着科技的突飞猛进，银河系的半径也因为测量越来越准确而不断"增大"，直到现在的约 5 万光年 [18, 19]，比赫歇尔的 4300 光年又增大了 10 多倍。

　　赫歇尔去世后 100 年里，人类都不能肯定世界是否只有银河系那么大。就这个问题，两位美国天文学家沙普利和柯蒂斯进行了著名的"大辩论"（被后人称为"The Great Debate"）。沙普利认为宇宙就是"巨大的无所不包的银河系"，而柯蒂斯则认为宇宙里包含着许多和银河系一样的星系，但谁也没能说服谁。

在今天看来，认为宇宙只有银河系那么大似乎很可笑，让我们停下来想一想这件事的意义。仅仅一百年前，人类都以为宇宙中只有一个星系，不知道其他约 1000 亿个星系的存在。而这"约 1000 亿个星系"只是我们今天的估算，就算有 1 亿亿个或更多，我们也不知道。但我们和以前每一代人一样，自满地认为自己发现的世界已经大得不能再大了。

人类确实像那只被夸父放生的山蚁——先是爬到一块巨石的边缘，就以为到了世界的边缘；然后爬到山崖的边缘，又以为到了世界的边缘；继而爬到山脚，还是以为到了世界的"真正"边缘。

幸亏人类没在银河系的边缘止步。带领人类走出银河系的，是一位孝顺的律师与一位辍学的看门人。

孝顺的律师与辍学的看门人

律师出生在美国密苏里州。8 岁时，祖父做了架望远镜送给他当生日礼物，从此他就爱上了天文，常常沉迷于观察宇宙星辰。但他从事保险业的父亲认为搞天文不是"正经"的工作，不够保险，于是逼他本科读了律师专业。尽管他学法律味如嚼蜡，还是因为孝顺把学位读完了。此时父亲身体状况很差，又在垂危的病床上要求他去英国牛津大学深造法律，他也照办了。

他 21 岁来到英国，名义上是学法律，却把所有空余时间扑在天文上。被英国风气所感染，他迷恋上了白石楠烟斗，配上雪白的衬衫、领带和西装，他看上去是个十足的律师。他24岁时父亲去世了，为解救家庭的经济困境，他被迫赶回家乡，在中学教物理和数学，也当篮球教练。一年后，他实在无法割舍对天文的热爱，于是到芝加哥大学读天文学博士，并在叶凯士天文台进行研究，28岁拿到学位。

他就是哈勃（Edwin Powell Hubble，1889—1953），"哈勃望远镜"那个"哈勃"。1917年，第一次世界大战正酣，他应征入伍，并很快晋升为少校。战争结束后，哈勃来到威尔逊天文台从事研究，遇到了一个从长相到命运都几乎和他相反的人。此人叫赫马

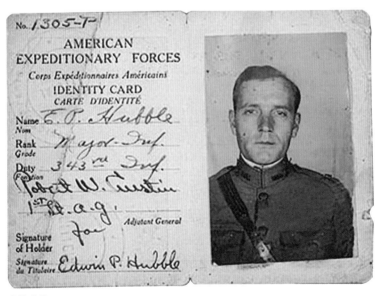

少校哈勃

森（Milton La Salle Humason，1891—1972），比哈勃小 2 岁。

和高大瘦削、一派英国绅士风度的哈勃不同，赫马森身材不高，微胖，戴着圆圆的眼镜，浑身散发着美国农民老实巴交的土气。他 14 岁到威尔逊山参加夏令营时爱上了大山，便告诉父母要休学一年。父母显然没能拗过他，他便开始在新建的威尔逊天文台旅馆打工，干些诸如照顾客人、洗盘子、喂牲畜之类的杂活。其后他就再没回学校，做过在山间运送建筑材料的驴车夫、园林工人领班、果农等工作。

1917 年，26 岁的赫马森成了威尔逊天文台的看门人。虽然只读过初中，他却对太空充满着好奇，向研究人员学会了操作天文望远镜的技能，成为一名夜间助手。观测星空的工作既枯燥又单调，赫马森却认为非常有趣，他一丝不苟地拍照，严谨认真地记录。因为勤恳、努力，他被提拔为天文台星云和恒星照相研究室的正式职员。

尽管赫马森出身卑微，哈勃却被他的勤恳所打动，选定他做助手。两人在山顶的天文台里度过了无数个漫漫长夜，"没有做过这件事，就没法意识到有多冷。"赫马森后来回忆说。

在赫马森的协助下，哈勃在 1923 年左右算出仙女座（Andromida）在银河系之外，从而证明宇宙远不止银河系那么大。今天我们知道，仙女星系离地球约 250 万光年，正以每秒约 110 公里的速度朝银河系疾驰而来，约 40 亿年后会与银河系相撞并合并。

作为哈勃的得力助手，赫马森 31 岁时被提升为助理天文学家，开始在天文学界崭露头角。和哈勃的合作结束后，他开始独立研

哈勃（左）和赫马森（右）

100 inch Mt Wilson Telescope

他们使用的望远镜

究，测量了远达 2 亿光年的星系的运行速度，随后又和其他天文学家利用新的数据对哈勃定律进行了改进。1975 年去世时，他已成为举世瞩目的天文学家。

一个在牛津深造过的律师和一个初中文化程度的看门人，竟然共同对人类探索宇宙做出了卓越的贡献。他们虽然出身、道路非常不同，却有一个共同点：无论在何种境地下，都追寻着内心的渴望。他们没有让自己的过去成为累赘和负担，认真倾听自己内心深处的声音，最终创造了精彩而有意义的人生。

哈勃的边缘

对于哈勃这位目光远大，开疆拓土的勇士，世界的边缘在哪里？他在 1934 年 4 月的一次讲演中说，宇宙是个"大小有限的球体"，宽 60 亿光年，由 500 万亿个星云组成，"每个单元的亮度都是太阳的 8000 万倍，质量是太阳的 8 亿倍"[20]（这些数字显然是他的估算和猜测）。他所认知的宇宙半径是 30 亿光年，比银河系的 5 万光年大了 6 万倍。人们对他所描述的宇宙之庞大惊叹不已，又一次，他们认为世界大得不能再大了。

在这样一个宇宙中，我们究竟在哪里？地球在太阳系中，太阳系在离银河系外缘约 1/3 处的猎户臂上，银河系在本星系群中，本星系群位于室女星系团的外围，而室女星系团是本超星系团的一小部分。

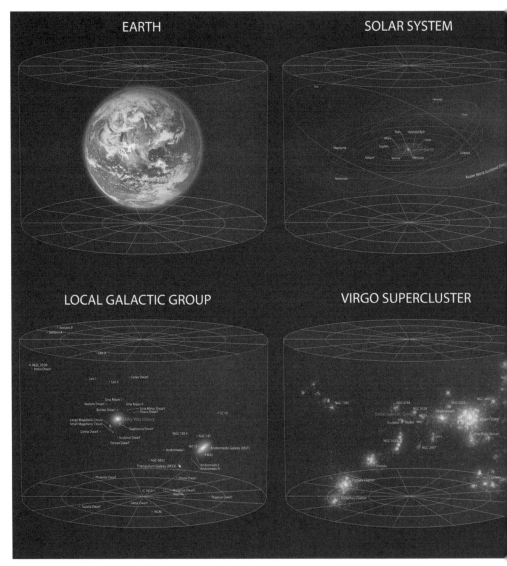

地球在宇宙中的位置

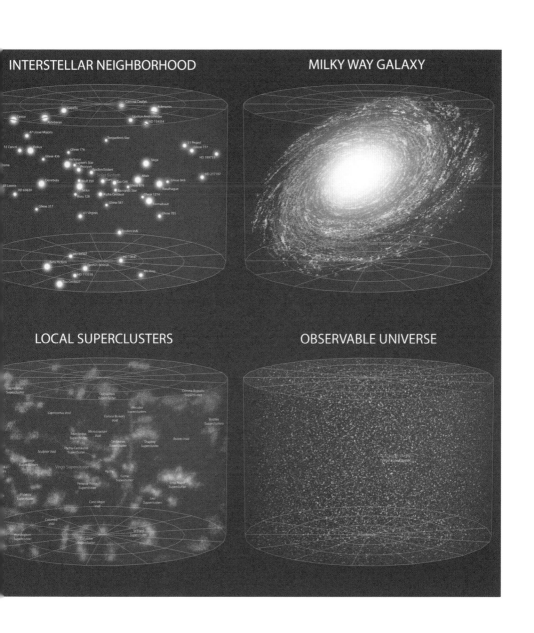

INTERSTELLAR NEIGHBORHOOD

MILKY WAY GALAXY

LOCAL SUPERCLUSTERS

OBSERVABLE UNIVERSE

世界边缘的秘密

这些名词听上去枯燥复杂，只不过是一系列越来越大的宇宙天体结构，下表是一个总结：

逐级增大的宇宙天体结构

宇宙天体结构	包含	直径
银河系	约 1000 亿颗恒星	10—12 万光年
本星系群	50+ 个近邻星系	约 1000 万光年
室女星系团	2500+ 个星系	约 1300 万光年
本超星系团	50 来个星系团和星系群	1—2 亿光年
超星系团拉尼亚凯亚	10 万个大星系	约 4 亿多光年
宇宙	约 1000 亿个星系	约 920 亿光年

2014 年，天文学家们发现本超星系团也只是一个更加巨大的超星系团的一部分。该超星系团被命名为"拉尼亚凯亚"（"Laniakea"），在夏威夷语里是"无尽的天堂"的意思，用以向早期在太平洋中航行，并利用恒星定位的波利尼西亚人致敬。它的质量是太阳的 10 亿亿倍，银河系在它的最边缘。

超星系团目前被认为是宇宙大尺度结构中最大的组成部分，有着纤维状和墙状结构，围绕在几乎没有任何星系的"空洞"周围。在 4 亿多光年的范围内，所有星系团都在一个"吸引槽"内一起运动，就像水流向地势低的方向聚集一样。

当人类一颗颗地数着星星，用越来越强大的望远镜向太空深处搜寻，都有一个理所当然到完全不需要证明的假设，就是牛顿所说的"永恒时空框架"存在，我们只是像山蚁一样，在这个框架中一米一米地穿过空间，一天一天地消磨时间[21]。这个模型意味着宇宙是无限而且没有边缘的，因为假如我们找到了一个边缘，总可以问边缘之外是什么？当我们找到新的答案后，又可以将新

拉尼亚凯亚超星系团（Laniakea Supercluster）（图中的黄线是星系"流动"的轨迹）

发现的部分涵盖在更广义的"宇宙"中，再次问边缘之外是什么？

当时的物理学家们并没被"永恒时空框架"是否存在的问题所困扰，毕竟，这"框架"符合直觉。他们不断为这个框架添砖加瓦，到了1900年，经典物理已经到了几乎完美的程度，热力学之父汤姆森（William Thomson，又称开尔文勋爵或 Lord Kelvin）庄严宣布：物理大厦已经落成，所剩的只是一些修饰工作，"物理之国土已无未开垦之地"。

大功告成的物理学家们在一种既欣慰又无聊的气氛中度过了五年，一个年仅26岁的小伙子便把精美的"永恒时空框架"砸了个稀巴烂。他的思想让人们意识到，物理学以及人类对世界的认知，不仅没有走到尽头，而且才刚刚开始。这位小伙子并非在物理象牙之塔中进行科研的"正宗"科学家，而是一个刚刚获得正式工作的政府职员。

第三章

正在"逃走"的边缘

气泡星云（也称 NGC7635、Sharpless 162
或 Caldwell 11）位于仙后座。这个"气
泡"是由一颗巨大的 8.7 级高温中心恒星
SAO20575 的恒星风吹成的。

> 人类的全部历史都告诫有智慧的人，不要笃信时运，而
> 应坚信思想。

——爱默生

从夸父到毕达哥拉斯，从哥白尼到牛顿，世界这座"迷宫"
向我们一层层展开它的面纱。但"迷宫"的总体架构和出发时一
样：时间是无始无终、匀速流淌的"河流"，空间是横平竖直、
僵硬不变的"框架"，物体在空间中存在和运动。人出生又死亡，
来了又去；世界还是世界，独立而冷漠地运行着。

我们凭本能就接受了"迷宫"的这个架构模型，但它是真实
的吗？也许它只是幻像，有个完全不同的世界就在眼前，我们却
视而不见？让我们继续前行，去发现真正的世界。

发育迟缓的专利员

1904 年 9 月，瑞士伯尔尼（Bern，联邦政府所在地）专利局里，
一位被试用了两年多的临时工因为表现不错，被转为全职正式职

伯尔尼的专利局

员。这位 25 岁的小伙子平生第一次拿到稳定的薪水，感到十分满意，微胖的脸蛋上也泛出了几分红晕。曾为他找不到工作而夜不能寐的父亲也长长地松了一口气。小伙子穿上向往已久的三级（最低级）技术员制服，在皱巴巴的衬衫领口打上蝴蝶结领带，心中充满了自豪。虽然办公室陈旧拥挤，他终于有了专用的写字桌。三年后，因为不懈努力，他被晋升为一级技术员。这份差事待遇不错，稳定，又比较清闲，他足足干了 7 年。

他就是爱因斯坦（Albert Einstein，1879—1955）。也难怪他会为这么个微职而沾沾自喜，他从小就不顺利。因语言能力发育迟缓，他 3 岁才开始说话，高考两次才被录取，大学毕业后两年都找不到工作，险些靠街头卖艺为生（他小提琴拉得不错），父亲辗

爱因斯坦

世界边缘的秘密

转托人才帮他找到专利局的差事。

正因为发育较迟，成年的他问的问题还停留在孩提时代。他回忆道："普通成年人从来不动脑筋去想空间和时间的问题，因为这些都是他还是孩子的时候就考虑过的。但是我发育得太慢了，所以直到成年才开始思考时间和空间的问题。因此，比起其他普通孩子，我更深地探究了这个问题。"他很谦虚："我没什么特别的才能，只是有着热烈的好奇心。"

和哥白尼、托马斯·杨一样，他不务正业，在专利局的工作时间里研究物理（他回忆说："在这个世俗的修道院里产生了最美丽的思想"）。他名不正言不顺，既无资金亦无设备，是如何取得成果的啊？像牛顿一样，他靠的是"思想实验"——凭脑子想出来的。他说："想象力比知识更重要。因为知识是有限的，但想象力涵盖整个世界，激发进步，产生变革。"

○ 那时的中国 ○

到了 19 世纪，大清统治已经 150 多年。大清政权虽然统治人很有一套，让国家富强可真不太在行。他们经济上闭关锁国；军事上不堪一击；外交上卑躬屈膝。

1904 年发生了许多事情，对中国的未来产生了深远的影响。1 月 21 日，清廷第一部直接与创办公司有关的法律《公司律》奏准颁行，成了百年后"全民创业"的法律依据的鼻祖；3 月 29 日，清廷批准设立户部银行，是第一个官办银行；8 月 22 日，邓小平出生，近 80 年后领导了中国的改革开放。

那一年也有些不入正史，但十分有趣的事件。例如，上海一家文具店将乒乓球传入中国，没想到日后中国成了世界乒坛霸主；慈禧太后 70 寿辰时放映电影出故障，她大怒，不准再放电影。

中国"山雨欲来风满楼"，到了改朝换代的边缘。

看一辈子电影

世人皆知爱因斯坦创立的是相对论，虽然这理论对许多人晦涩难懂，但"相对"这个词很容易理解。任何描述都是相对的——自行车相对于汽车很慢，但相对于蜗牛就很快；100相对于10 000很少，但相对于1就很多。世上没有绝对的运动或静止，动仅仅相对于静才存在，反之亦然。

要描述一个物体的速度，必须"相对"于某个参照物。你认为正在看的这本书是静止的（速度为0），是因为你本能地用自己做了参照物。如果选太阳做参照物，书就正以每秒约30公里绕日运动。因为太阳系在绕着银河系的中心转动，相对于银河系的中心来说，这书正以每秒约250公里的速度运动。而银河系也在运动，相对于邻近星系来说，这书正以每秒约600公里的速度运动。

参照物如何选择呢？任由你定，太阳、月亮、一只正在飞的蚊子都可以，并没有一个公允的、每个人都必须使用的参照物。有没有什么东西是永远不动的，全人类可以把它当作"终极"参照物？牛顿以为有，就是"永恒时空框架"。直到今天，许多人也本能地以为有，但后面我们会看到，爱因斯坦证明这"框架"并不存在。

虽然没有一个全人类可以共享的参照物，每个人却有一个十分方便可靠的参照物——"自己"。因为我们永远离不开"自己"，每时每刻都必须通过自己的瞳孔看世界，用"自己"做参照物是个逻辑的选择。

用这参照物重新审视一下世界会很有趣。例如，你飞到美国去旅游，感觉在飞机上速度很快，像是走了很远。如果你选"自己"为参照物，你就没有动，只是美国大陆移到了你的脚下。这就好比在看一部"全息电影"，你坐着没动，只是美国被投影到了你的周围。

如果一辈子选择"自己"为参照物，整个人生就成了一场"全息电影"——你就像转轮上的老鼠，生活的场景迎面而来，你奔跑着，以为走了很远的路，其实没动地方。

世上任何东西是否在动，动得快慢，都会因为所选择的参照物的不同而不同，除了一个例外，那就是光。实验发现，光的速度相对于任何参照物都是恒定的（在真空中为299 792.458公里/秒，一般用 c 表示）。如果你在坐着看书，光相对于你的速度是 c；但如果你跳上一艘飞船以 0.9 倍光速（0.9c）去追光，光相对于你的速度仍然为 c。假如存在一个永恒僵化的"时空框架"，即时间和空间是永远不变的，这种现象就不可能——飞船和光的相对速度应该是 0.1c（c − 0.9c=0.1c），而不是 c。

爱因斯坦意识到，要想让光相对于任何参照物的速度都恒定为 c，时间和空间就必须"可塑"——在不同的速度参照系里，时间和空间必须是不一样的。他发现，不存在绝对的"同时"，也就是说，并不存在一个人人共享的、绝对的时间。

让我用一个假想的、发生在外星的故事来阐明。

世上没有绝对静止的东西。

要证明某个东西是绝对静止的，就必须以另一个绝对静止的东西做参照物，如此便成了循环论证。这就好比我们在茫茫大海上航行时遇到一艘船，如果海岸远得看不见，我们怎么知道它是静止的呢？我们可以把自己的船停下来（马达熄火，螺旋桨停转），如果另一只船相对于我们没有动，我们就认为它是静止的。这判断虽然符合直觉，却是错误的，因为我们并不能肯定自己的船是静止的（它的螺旋桨虽然没在转，却可能随着海流在漂），而且实际上，船在随着地球自转，绕着太阳公转，并不是静止的。

科学家们曾幻想出一种绝对静止的物质，叫做"以太"，并认为它无所不在又没有质量，但后来证明以太并不存在。

外星上的生死决斗

在一个叫做诺威尔[22]的星球上，有个沿用了上千年的古怪决斗传统。在一个没有窗户的黑屋子里，决斗双方（甲和乙）被绑在两根柱子上（见下图），在与他们等距的正中处放一盏灯。灯被点亮的瞬间，灯光先照亮谁，谁就赢了，另一方则输了，会被杀死。但如果他们同时被照亮，就打平了，双方必须握手言和，从此不再冲突。

光先照亮谁，难以判断啊！所以屋子里还有第三个人，叫做仲裁人，他有特异功能，无论多微小的时间差别都能察觉，由他

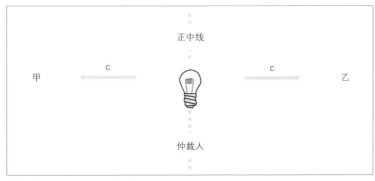

诺威尔星上的决斗（甲乙为决斗双方）

来裁决谁赢谁输。

诺威尔星人热爱这种决斗，因为结果总是打平（两人和灯等距，当然同时被照亮），他们用这种方式化解了无数争端，避免了战争和流血。每次决斗，人们都像过节一样，穿上地球人会认为是完全透明的盛装，带着一种动物尿酿制的"酒"，等在决斗屋子的门口，准备派对一番。

但在最近的几场决斗中，亘古未闻的事情发生了——决斗竟然产生出了胜负。有蛛丝马迹表明，这是因为仲裁人受了贿赂，偏袒一方。为了恢复公正与和平，诺威尔星人加强了对决斗程序的监管，仲裁人必须服一种保证说实话的"诚实散"，而且裁判完成后还会接受全面的测谎仪检查，以确保绝对诚实。

但问题并没有解决。一而再再而三，付得起贿赂，喜欢钻法律空子的一方在决斗中获胜；而付不起贿赂、或不愿贿赂的一方却命丧黄泉。但测谎仪说明仲裁人并没在撒谎，这是怎么回事？

负责调查这件事的侦探暗中在黑屋子里装了摄像头，秘密监视仲裁人的一举一动，才真相大白。原来，仲裁人在灯点亮的一瞬间，总是在朝付了贿赂的决斗者那边奔跑，因此导致光先照亮贿赂者。

灯不是和两个决斗者等距离吗？怎么会因为仲裁人的奔跑就先照亮其中一个？下面这一段有点枯燥，但并不难懂。如果你耐心读完，就会明白一百多年前，那个发育迟缓的小伙子坐在伯尔尼专利局的陈旧桌子前，所意识到的惊天动地的事情。

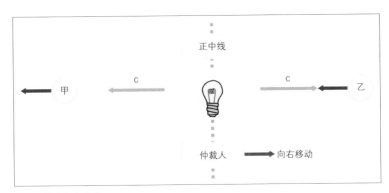

正中线

甲 ← c ← 💡 → c → ← 乙

仲裁人 ——→ 向右移动

假如仲裁人向右奔跑

假如仲裁人收了乙的贿赂，就会向右奔跑（如上图所示）。相对于他（以仲裁人为参照物），甲和乙在向左运动。光速不会因为仲裁人朝哪边跑而改变，仍然为 c，所以乙"迎着"光传来的方向，"半路上"就会遇到光，所需时间较短；而甲则在朝远离光的方向运动，光需要"追上"他，所需时间较长。所以在仲裁人眼里[23]，光先照亮乙。

假如仲裁人收了甲的贿赂，则反过来，他会向左奔跑，于是看到光先照亮甲。假如同时有三个仲裁人，一个向左跑，一个向右跑，一个坐着不动，他们裁决的结果是不一样的：

> 静止的仲裁人：打平
>
> 向左动的仲裁人：甲胜
>
> 向右动的仲裁人：乙胜

在静止的仲裁人眼里同时发生的两件事，在运动的仲裁人眼

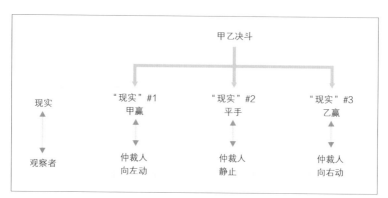

仲裁人因自身运动状态的不同而观察到不同的"现实"

里就不同时！而且会因仲裁人奔跑方向的不同而显出不同的先后顺序！这说明时间顺序并非绝对，可以因为观察者的运动状态而颠倒，所以爱因斯坦说："过去、现在和未来的区别是一种幻觉。"

上面的故事可以推而广之。如果把宇宙当作"黑屋子"，而你和我是两位"仲裁人"，假如我们运动的方向不同，看到的"现实"将不一样！因为你我之间的相对速度和光速比较起来总是很小，我们两个"现实"间的"裂缝"微乎其微，很难探测，但从数学和逻辑上说，这差别必须存在。

美女与火炉

既然"同时性"被打破了，每个人就不共享同一个时间，也就是说，时间对每个人来说"流淌"的速度不一样快。爱因斯坦曾幽默地描述这种差异："把手放在热炉子上一分钟，感觉好像一

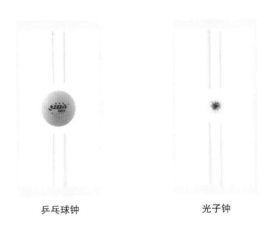

乒乓球钟　　　　　　　　　　　光子钟

小时；和一个漂亮的女孩坐一小时，感觉就像一分钟。这就是相对论。"

速度会导致时间"流淌"得更慢。为了演示这一点，我们要用到一种假想的计时器："光子钟"。在解释"光子钟"之前，让我们先假想一座"乒乓球钟"，因为它的原理比较好理解。"乒乓球钟"如上图左所示，在一个盒子里，有一只上下反复弹跳的乒乓球。假设盒子被抽成了真空（没有空气阻力），而且乒乓球和上下两个面之间的碰撞是完全弹性的（一点能量都不损失），那么球上下一次所需要的时间就是恒定的，而且会永远弹跳下去。我们可以用它往返的次数来计时，就像用一个钟摆计时一样。

现在把乒乓球换成光子，把上下两个面换成完全反射的镜子，就做成了"光子钟"，只要数光子上下的次数就可以计时（如上图右）。

假想有一对孪生兄弟各有一座"光子钟"，甲待在地球上，而

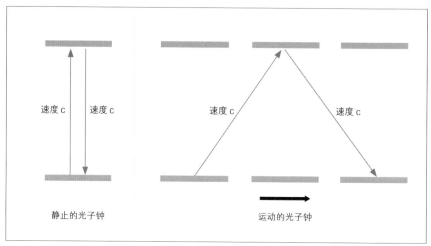

速度 c 　速度 c　　　　　速度 c　　　　　速度 c

静止的光子钟　　　　　　　运动的光子钟

在甲看来，乙的光子钟变慢了

乙带着钟乘飞船去旅行。对甲来说，因为乙的光子钟在运动，里面的光子要飞过更远的距离才能在两个镜面间来回一次（如上图所示），因为光速永远是 c，乙的光子钟运行一个周期所花的时间较长，所以较地球上慢——在甲看来，乙的时间"流淌"得较慢 [24]。

如果乙飞行的速度是 0.9c，根据爱因斯坦的狭义相对论，在甲眼里，地球上过了一年，飞船上才过 5.2 个月 [25]——乙衰老得比甲慢。但在乙眼里的现实是反过来的：因为甲在运动（"乘着"地球远去），甲衰老得比乙慢。

在现实生活中，人们之间的相对速度和光速比起来极其微小，所以这种"时间流动的差异"没法察觉。在 0.3 倍光速（约 9 万公里／秒）以下，时间的差别非常接近于零。

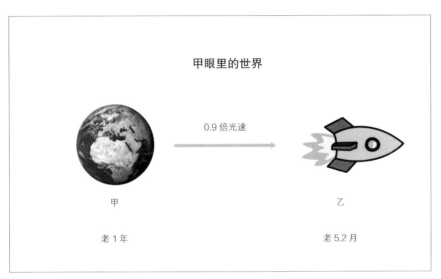

在甲看来，乙老得较慢

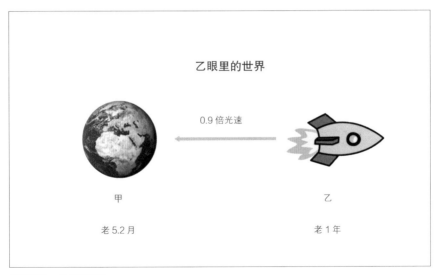

在乙看来，甲老得较慢

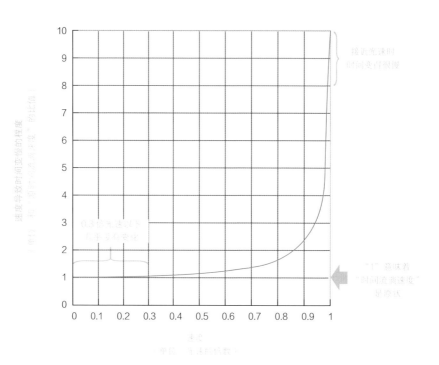

速度和时间的相对论

截至 2018 年，最快的人造飞行器是 NASA 的 New Horizons 太空探测器，它飞离地球时的速度约为 16 公里 / 秒。假如你乘它而去，你的时间就会比地球上的我慢约十亿分之一倍，你飞 30 年，我们间的时间差将是大约 1.35 秒 [25]。

除速度外，另一个对时间有影响的因素是重力场（也称引力场），它会导致时间变慢。地球有重力场，离地心越近的地方越强。海边的重力场相对于高山上稍强一些，海边时间运行的速度

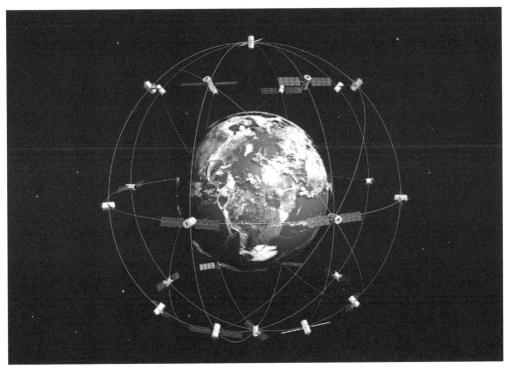

全球定位卫星导航系统

就会比山上更慢一些。这种区别也很微小，无法察觉——与山上相比，在海边生活一辈子所"获得"的时间还不到一秒钟。

世上没有任何两个人的速度和所在的重力场是永远相同的，所以每个人生活在稍稍不同的时空里——你有一个时空，我也有一个，其差别小得几乎等于零，却是大于零的。这就好比你我各有一本相同的书，相应的页面重叠在一起，肉眼看不出字与字之间的差别，所以我们误以为是同一本书。

许多人以为相对论只是个与现实生活无关的科学，事实恰恰相反，全球定位卫星导航系统（Global Navigation Satellite System，俗称 GPS）就是个例子。相对于地面，GPS 卫星因为有速度和加速度，而且所在的重力场较小，所以必须根据相对论计算出它们和地面的时间差别，定位结果才会精准，否则全球位置的误差就会以每天大约 10 公里的速度累积。

爱因斯坦的边缘

爱因斯坦发现，不仅时间并非恒定，而且空间也是"可塑"的——它可以被重力场"弯曲"，就像一条床单上放着只铅球，床单会被压得凹下去一样。

人类是感受不到三维空间的弯曲的，所以让我用二维空间作个类比。二维是一个平面——纸面就是二维的。设想在纸上生活着一只微小的螨虫，它只知道沿着纸面活动，并不知道可以离开纸面——它不知道存在和纸面垂直的空间。即使纸是弯曲的，甚至是折叠的，它都感觉不到纸不是平的。如果把世界比作这张纸，我们就犹如生活在上面的螨虫。

既然人类感受不到三维空间的弯曲，爱因斯坦的理论如何验证呢？科学家们巧妙地利用了光在三维空间中走直线的特性。在日全食的时候，太阳和它背后的星光理应全部被月亮挡住，但因为太阳有重力场，如果它能让空间"弯曲"，光线的路径也会随之"弯曲"（但在三维空间中看来仍是直线），被太阳挡住的星光

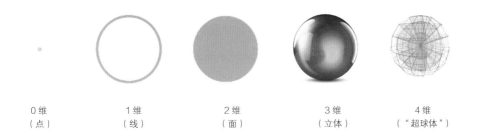

0 维	1 维	2 维	3 维	4 维
（点）	（线）	（面）	（立体）	（"超球体"）

不同维度的图示

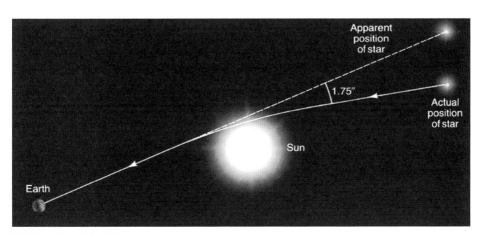

日全食时太阳重力场让光线打弯

就可以"绕过"太阳到达地球（如上图所示）。在地球上的人看来，原来理应被太阳挡住的星星，会"挪动"位置而被看见，这现象已于 1919 年被观测到。

因为空间能弯曲，它就可能没有边缘。让我还是用二维作类比。如果纸面是平的，螨虫只要朝一个方向爬就能最终找到它的边缘。但如果纸被糊成一个纸球，螨虫无论怎么爬，都找不到边缘。

爱因斯坦想到，我们所在的三维空间可以"弯曲"后自我封闭，形成一个像纸球一样的"四维超球体"。这样的宇宙是"有限无界"的——体积有限，但没有边界，飞船在其中朝一个方向无论飞多远都找不到边界，而且最终会回到起点。他说："我们这个宇宙在空间上是有限而没有边界的。因为它的空间是弯曲而封闭的引力场，这空间既不和虚空也不和其它物体接界。至于我们生活的宇宙之外还有没有别的宇宙，我们永远不会知道。"

世界的边缘在哪里似乎成了无头案。我们像好奇的山蚁，勤勉地爬过千山万水，以为总有一天会爬到世界的边缘，却突然意识到，脚下的平面可能是一个巨大的球体，无论怎么爬也不会找到边缘。

感觉一样就是一回事？

爱因斯坦不仅粉碎了牛顿的"永恒时空框架"，而且对万有引力定律也有疑问：星球之间隔着遥远的真空，用什么来传导万有引力呢？因为对这个问题的思考，他意识到加速度和重力场是一回事，从而提出了广义相对论。

让我用一个思想实验来解释。假想你和爱因斯坦站在一个封闭的房间里，他把一只苹果抛向空中，显然是因为重力，它划了

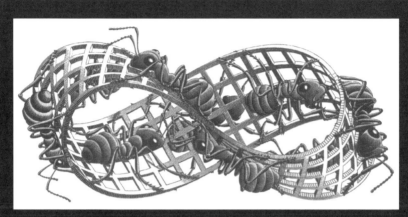

埃舍尔的《莫比乌斯 II》

　　"四维超球体"并非"有限无界"的宇宙的唯一一种可能，莫比乌斯带（Mobius Strip）和克莱因瓶（Klein Bottle）是另外两种可能性。

　　把一个细长的纸条扭转一次后首尾相接，就形成了一个莫比乌斯带。在埃舍尔（Maurits Cornelis Escher，1898—1972）的画里，一只蚂蚁可以沿着这条带永无止境地爬下去，而且两面都能爬到。

　　克莱因瓶更复杂一点（如下图所示），但基本概念是一样的：瓶子的里面和外面是无缝连接的，一只蚂蚁可以在它的表面永无休止地爬下去而找不到边界，而且"里面"和"外面"都能爬到。

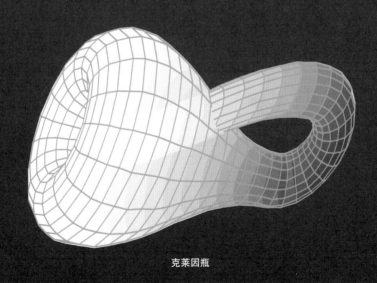

克莱因瓶

世界边缘的秘密

一条完美的抛物线，落到地板上。

"阁下认为我们是站在地球上吗？"他操着带有浓浓的德国口音的英语，问了一个奇怪的问题。

"那当然！"你感到自己的体重很正常，"至少是站在一个重力场和地球一样大小的星球上。"你补充了一句，心中因为答案的完美而暗自得意。

"我们没站在任何星球上，甚至没在重力场中。"他狡黠地一笑，按了墙上的一个按钮，整个房间都变得透明。你们竟然是在漆黑一团的太空中！四外没有星光，理应是个重力场为零的地方。房间下方有只火箭正喷着火焰，原来，你所感到的重力是因为火箭的速度在加快（也就是说有"加速度"）。你在电梯中有过类似的体验——当电梯开始向上加速时，你觉得比一般更重了。

看到你吃惊的样子，爱因斯坦很得意，眨了眨眼睛，说："引力场和加速度在所有方面给人的感觉都一模一样，没有任何物理测量能区别这两者，所以它们是等同的，我把这叫等效原理。"（他在 1915 年提出了这个原理，成为广义相对论的基石。）

让我们检查一下他的思维过程：因为人在重力场中的感觉和加速时的感觉一模一样，而且没有任何物理测量能区别这两者，所以它们是等同的。如果你撇开那些难懂、拗口的词汇，搞清他骨子里在说什么，肯定要吓一跳：在一切方面感觉一样、测不出区别，就是同一件事！

这可是个大是大非的问题。科学应该追求"终极真实"和"绝对真理"，怎么可以"在一切方面感觉一样、测不出区别"就当

庄子

作是等同的？假如你在一个逼真的梦里，在一切方面的感觉都和现实一模一样，而且你也能测量周围，但因为是梦，测量的结果和"梦外"没有区别，你就可以把梦等同于现实吗？这让我们想到庄周梦蝶的故事。古时庄子（约公元前 369 年—前 286 年，一说前 275 年）做梦变成了蝴蝶，醒来后问，如何知道自己不是一只蝴蝶在做梦？

常人心中的"终极真实"和"绝对真理"是不依赖于意识、感觉和测量的。但我们如何知道它们存在呢？我们常说"实践是检验真理的唯一标准"，"检验"就意味着要在脑海里将思想的预期值与感觉和测量的结果进行比较，所以没有什么真理能完全脱离意识、感觉和测量而得到证明；如果感觉和测量的结果一模一样，人类就只好认为是同一件事。

霍金说："'现实'不可能脱离图景或者理论而独立存在。……每一个物理理论或世界图景都是一个模型（通常本质上是一个数学模型）……追问一个模型本身是否真实没有意义，有意义的只在于它是否与观测相符。如果两个模型都与观测相符，那就不能认为其中一个比另一个更加真实。谁都可以根据具体情况选取更方便的那个模型来用。"他所说的"模型""图景"或"理论"，都是人们脑子里的、意识的东西，人所相信的"现实"是和这些意识的东西纠缠在一起的。诺奖得主玻恩（Max Born，1882—1970）写道："我认为，诸如绝对的必然性、绝对的严格性和最终的真理等概念，都是想象中虚构的东西，它们在任何一个科学领域中都是不能接受的。"

斯宾诺莎的上帝

像爱因斯坦这么伟大的科学家，应该不信神吧？非也！他自称拥有"宇宙宗教情感"（cosmic religious feeling）："我的信仰是对一个无边无际的圣灵的卑微崇拜，他在一些我们用脆弱而虚微的头脑所能理解的微小细节中显露了自己。""我和大多数所谓的无神论者最大的区别是，我对宇宙和谐中难以理解的奥秘保持绝对的谦卑。"他说："我希望知道上帝是如何创造这个世界的。我对这样或那样的现象、这个或那个元素的光谱不感兴趣。我想知道上帝的思想，其余的都是细节。"

科学不是宗教的死对头吗？爱因斯坦不仅不这么认为，而且笃信宗教情感是科学的动力。他说："我坚信宇宙宗教情感是科学研究最崇高强烈的动机。""我们可以经历的最美好的情感是神秘的。那是站在所有真正的艺术和科学摇篮里的最根本的情感。谁对这种情感陌生，谁就不能敬畏地去想，去全神贯注地站立，就像死亡了一样，如一支熄灭的蜡烛。要感觉我们经历的事情背后的东西，一些是我们的思维无法抓住的，里面的美和崇高只有通过间接的形式传达给我们，这就是信仰。从这个角度来讲，也只有从这个角度来讲，我是一个虔诚的宗教信仰者。"

和牛顿一样，爱因斯坦所相信的并非一般人们想象的那样有鼻子有眼睛、能说人话的神，"我信仰斯宾诺莎的上帝，他在存在万物的有序和谐中展现自己，我不相信一个想影响人类命运和行为的上帝"。

什么是"斯宾诺莎的上帝"啊？斯宾诺莎（Baruch de Spinoza，1632—1677）是犹太裔荷兰哲学家，认为上帝就是宇宙，自然是神的化身；上帝通过自然法则来主宰世界，人的智慧是上帝智慧的一部分。

这位斯宾诺莎是不是把唯心主义范畴的上帝和唯物主义范畴的自然混为一谈了？臆造出来的上帝不是和客观存在的自然相对立的吗？他居然认为上帝和自然不仅不是矛盾对立的，而且是同一的？的确如此！斯宾诺莎相信神的存在，同时又是唯物主义唯理

斯宾诺莎

论的主要代表之一。这足以让许多人感到天旋地转，因为他们脑子里有着铁打的"格子"：信神的都是唯心主义者；唯物主义者都不信神。其实，除了人类的小脑袋瓜里有着这些"格子"，世界从来就没有唯物和唯心的区格。世界就是世界，是完整的一体，有着唯物和唯心的双重属性，我称之为"物心二相性"[37]。

哥白尼、牛顿、爱因斯坦，这些最优秀的科学家们一边信仰宗教，一边研究科学，不认为有什么冲突，为什么那些对科学理解肤浅的人们反而坚持认为必须有冲突？这是因为一个人越无知，

唯心 唯物

世界具有唯物和唯心双重属性

越狭隘，就越容易犯"格子综合征"，把科学和宗教分裂开来，对立起来。人类智慧进步的过程，是一个打破这些"格子"，一步步走向博大包容的过程。

纠正爱因斯坦的神父

爱因斯坦虽然打破了牛顿的"永恒时空框架"，却像牛顿那样认为宇宙是稳恒态的（没在变大或缩小）。但他所发现的引力场方程说明宇宙应该在膨胀，于是他硬生生地在方程中编造了一个"宇宙常数"，以维持宇宙大小的恒定。这就像一个认为地是平的人，丈量后发现有一定弧度，于是在计算时人为地把弧度减为零。

但越来越多的证据说明宇宙并非稳恒。哈勃和赫马森发现所有的星系都在以越来越快的速度离我们远去，就仿佛整个宇宙正以我们为中心"爆炸"。如果沿时间倒推回去，宇宙是约 138 亿年前，从一个比针尖还小无数倍的一点（它无穷小，被称为"奇点"）"爆炸"出来的，这就是人们耳熟能详的"宇宙大爆炸"理论。

第一个明确提出这理论的是个叫做勒梅特（Georges Lemaitre，1894—1966）的比利时神父。第一次世界大战期间，他曾担任炮兵军官，亲眼目睹了血腥的肉搏和残酷的毒气战。战后，他进入神学院，29 岁时担任司铎（天主教神父的正式品位职称，掌管文教）。他长得有点像赫马森，不高，微胖，戴着圆圆的眼镜，不同的是他喜欢把头发一丝不乱地梳往脑后，穿黑西装，露出神父特有的白色硬领。

你可能心里已经在犯嘀咕了，创造科学史的人怎么都是些奇奇怪怪的出身啊？神父、医生、音乐家、退伍军人、律师、看门人、专利员……是的，历史正是"怪人"创造的！被历史所遗忘的，往往反而是那些"正常人"！只有那些不顾自己的出身和背景，热烈地循着好奇勇往直前的人们，才会刨根问底、持之以恒，抵御常人无法抵御的嘲笑，克服常人无法克服的困难。正是这些不以正常、传统方式思维的人们，才能突破"'正'字牢笼"的束缚，对传统进行革命。

1927 年，勒梅特在一家名不见经传的刊物上发表了对爱因斯坦广义相对论方程式的解，但没引起人们的注意，直到四年后，有人将它译成英文发表在《皇家天文学会月报》上才引起轰动。1946 年，他发表了《原始原子假说》，提出了宇宙起源于一个"原始超原子"（primeval superatom）的思想，这个原始原子只有约 30

勒梅特

个太阳那么大，却包含今天宇宙中的全部物质，它不断分裂成越来越小的"原子"，生成了今天的所有粒子。

勒梅特在 showmanship 方面远不如阿基米德，并没为自己的理论起"宇宙大爆炸"（"Big Bang"）这么炫酷的名字。当时几乎所有科学家都像爱因斯坦一样认为宇宙是稳恒态的，更何况比利时闻名的是啤酒和巧克力，没人把那儿的一个神父创造出的物理理论当真。在 1950 年 BBC 的一个科普节目中，稳恒态理论的领袖之一，英国天文学家霍伊尔（Sir Fred Hoyle，1915—2001）首次

爱因斯坦和勒梅特

使用了"大爆炸"这个词来讽刺勒梅特的"荒唐"理论，却弄巧成拙，让它家喻户晓，流传下来。

爱因斯坦无法接受宇宙在膨胀的想法，勒梅特试图说服他，被他拒绝了，称勒梅特的思想是"正确的计算，糟糕的物理"。之后爱因斯坦不得不承认勒梅特是对的，自己错了，称宇宙常数是一生中"最大的错误"。

普通人心里"宇宙大爆炸"的场景，是在漆黑一团的地方引爆了一颗炸弹，弹片四散飞射。这观念是错误的，因为它指的是空间本身的"爆炸"，而不是在空间中什么物体爆炸了。如果把宇宙比作一个气球，而星系是气球上画的许多小点，"宇宙大爆

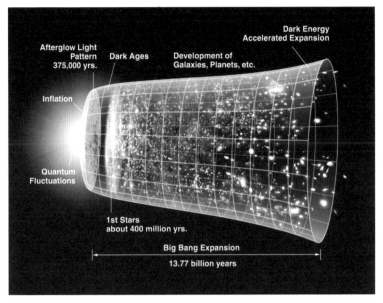

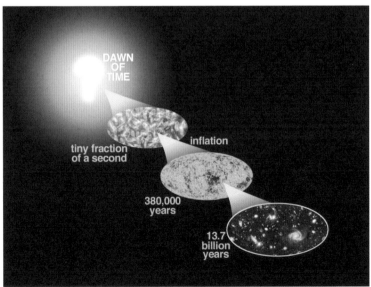

宇宙大爆炸

炸"就像气球被吹大，各个小点之间的距离都在增大。

因为是空间的"爆炸"，"爆炸中心"是因人而异的——对于你来说就是你所在的地方，对于我来说就是我所在的地方，即使我们相距很远。我们就像"宇宙气球"上的两只蚂蚁，随着气球的增大，蚂蚁会发现周围的小点都在以自己为中心四散远去。

正在"逃走"的边缘

既然宇宙在"爆炸"，它的边缘在哪里？为了看到宇宙的"尽头"，美国 NASA 决定将一台强大的望远镜发射到太空中（以避免云层、粉尘、城市灯光等干扰），它被命名为哈勃望远镜。工程前后花了 21 年（仅磨制镜片就用了 12 年），终于在 1990 年完成。但哈勃一上天就坏了，NASA 在其后的九年中进行了五次维修才修好。

截至 2018 年 10 月，人类所观察到的最远的星系是哈勃所发现的 GN-z11[26]。哈勃捕捉到的影像是它在宇宙大爆炸后约 4 亿年时的样子，它的光穿越了 134 亿年才到达地球。因为宇宙在膨胀，GN-z11 在离地球远去，它今天距地球约 320 亿光年。

但 GN-z11 只是最远的星系，并非人类能探测到的最远的光。比 GN-z11 更远、更古老的信号并不需要哈勃望远镜这样先进的仪器就能探测到；其发现也不在太空中，而在地球上。

20 世纪 60 年代初，美国贝尔实验室的工程师彭齐亚斯（Penzias）和威尔逊（Wilson）为了改进卫星通讯，建立了高灵敏度

哈勃望远镜

人类观察到的最远的星系 GN-z11（图上绝大多数亮点都是一个星系）

彭齐亚斯和威尔逊站在他们的天线前

的接收天线系统。它的形状很特别，像一只巨大的横躺着的羊角，所以叫"羊角天线"（"horn antenna"）。但令他们头疼的是，总有波长约为 7.35 厘米的微波噪声消除不掉，这就像一台崭新的收音机无论怎么调试都有令人生厌的杂音。当时碰巧有几只鸽子在天线中建了窝，他们误以为噪声是鸽子粪导致的，于是无情地将无辜的鸽子驱逐或杀害。一年多后（1964 年），他们才意识到这"噪声"是来自宇宙诞生时的信息。

宇宙刚诞生时温度极高，随着它的增大，其中的物质不断冷却，大爆炸后约 30 万年的时候，产生了大量的光，这些光的波长被膨胀的空间"拉长"，变成了微波（就是微波炉里用来加热食

《梨俱吠陀》插图

物的那种电磁波），这就是羊角天线所探测到的"噪声"。今天它被称为"宇宙微波背景辐射"（Cosmic Microwave Background，或CMB）。无论把天线指向太空的哪个方向，都可以观测到它。

　　有趣的是，公元前两千年左右的古印度哲学家所提出的宇宙发生理论和现代科学的发现是一致的。古印度经典《梨俱吠陀》中的《有转神赞》写道："由空变有，有复隐藏，热之威力，乃产披一"，意译是："空"产生出了"有"，它是黑暗的，放出了大量的热，形成了今天的宇宙。

　　不知是不是基于从印度传来的灵感，后来的老子也写下了类似的话："天下万物生于有，有生于无。"[5] 他有时也把"无"叫做"道"："道生一，一生二，二生三，三生万物。"[5] "空"、"无"和"道"都对应着宇宙大爆炸之前的无时空的状态，在后面的章节中，我们会进一步挖掘这惊人的相似之处。

上帝的脸

CMB 离你我并不遥远，它充满了太空的每个角落——老式收音机台与台之间的"咝咝"声中，就有约 0.5% 是 CMB。它所包含的能量比宇宙中所有恒星发出的可见光还多——此时此刻，CMB 占据了宇宙中穿行光子总数的 99.9%。

设想，在一个漆黑的夜晚，你戴着一副特别的眼镜，能将接收到的微波变成橘黄色的光，你会看到满眼是融融的橘黄色，你"浸没"在梦幻般光的海洋里。这很神奇——即使在你认为最黑暗的时候，整个宇宙都是"亮"的。映入你眼帘的光比天上所有的星星都古老，比太阳还古老约两倍。在接触到眼镜之前，它在茫茫太空中旅行了 137 亿年。它上次接触到的，就是宇宙大爆炸的"火球"，也就是说，这眼镜能让你"直接看到"宇宙诞生时的景象，难怪有人称 CMB 是"上帝的脸"。你常以为世界是灰暗的，你离它的边缘及它诞生的时间遥不可及，其实这时间和距离只是幻像——每时每刻，你都连接着世界的边缘；每时每刻，你都沐浴在它诞生时发出的光子里。

无论人类朝哪个方向看，最远处都是 CMB，它像一块严实的幕布，把可见的宇宙裹在中间。1992 年，NASA 人造卫星 COBE

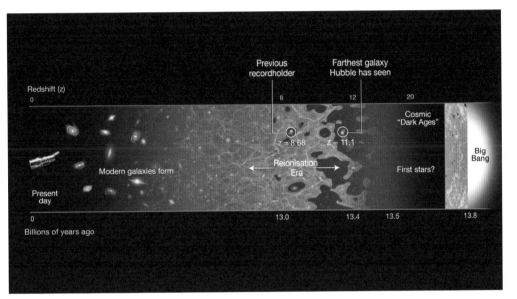

Redshift (z)

Previous recordholder

Farthest galaxy Hubble has seen

Cosmic "Dark Ages"

Big Bang

z = 8.68

z = 11.1

Modern galaxies form

Reionisation Era

First stars?

Present day

Billions of years ago

越远传来的光越古老

第一次观测到了全天 CMB，即 137 亿年前的宇宙在各方向上的"长相"，其后 NASA 的威金森微波异向性探测器（WMAP）侦测到更加清晰的 CMB 图像。

CMB"幕布"的颜色惊人地一致，各处的差异仅约十万分之几，这说明宇宙在起始的那一瞬间是非常"均匀"的。当时全宇宙的质量都被"挤"在很小的空间中，但各处密度几乎完全相等，这是件非常奇怪的事，就像一锅加了大量食材的浓粥，口感却像清汤那么均匀，为何如此，至今仍是个谜。

因为空间在不断膨胀，宇宙的半径比 138 亿光年大，最新的研究认为可达到 460 亿光年，甚至更大。这膨胀给寻找宇宙边缘

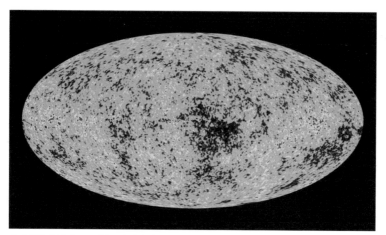

宇宙微波背景（CMB）（图中的颜色差异被人为地放大了约 10 万倍）

带来了麻烦——这边缘（如果存在）正离我们越来越快地远去，它"逃逸的速度"[27]甚至大于光速。因为爱因斯坦发现任何物体的速度都无法超越光速，我们也许永远都"追"不上它。

像夸父一样，我们失败了，或得到了一个似是而非的结果。让我们暂做歇息，回望一下来时的路。或许，来路上所获得的智慧，能帮助我们继续前行？

奇迹一百年

从这本书的第一页开始，我们就在追寻世界的边缘。我们以为这边缘在一个很远很远的地方，所以一路飞奔，向外！向外！我们惊叹着，快看呐——

宇宙是个十二面体吗？

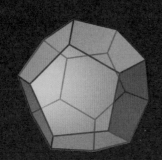

十二面体

宇宙是什么形状？它是个十二面体吗？

夜已经深了，52岁的法国天文学家卢米涅（Jean-Pierre Luminet）被这问题困扰着，无法入睡。他知道这问题有多荒唐，如果在香榭大道上随便拦住一个人问，肯定会被骂做精神病；遇上脾气好的，也会茫然地看着他，耸耸肩走开。人们有工作要忙，有情人要约会，有酒会要参加，谁会管宇宙是什么形状？何况十二面体这样奇怪的想法。

但卢米涅无法放下这问题，他热切地审视着CMB的图像，仿佛在看一张古老的藏宝图，只要想出解读的方法，就能找到所罗门王留下的宝藏。如果从这图像相对的两面（也就是宇宙相反的两个方向）上挖下两个圆片，然后把其中一个旋转36°角，会和另一个相匹配吗？如果会，就说明宇宙是一个"超十二面体"——你从其中一面飞出宇宙，就会从与它相对的一面飞进宇宙，因为这貌似遥远的两面是神奇地连在一起的。

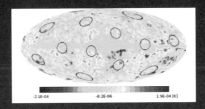

卢米涅对宇宙微波背景的分析

这是一幅多么玄幻的图画啊！在2003年那个清冽的夜晚，当全世界人都在为赚钱、升职、做爱、名誉和后代奋斗时，这个巴黎天文台的科学家，却在为古怪而没用的问题绞尽脑汁。

他的猜想被登在权威的科学杂志《自然》（Nature）上[28]，可惜后来的天文观测没有发现足够的证据支持它，我们今天仍无法肯定宇宙是不是个有着特殊形状的有限体。

夸父的边缘只有4千公里！

阿基米德的边缘只有18亿公里！

赫歇尔的边缘有4300光年！

哈勃的边缘足足有30亿光年！

现代人的边缘竟然有460亿光年！

人类所认知的世界的半径随时间增长 [29]

年代（公元）	代表人物	世界模型	世界大约半径（光年）
−2700	夸父	"大平板"	4.2×10^{-10}
−250	阿基米德	天球	1.9×10^{-4}
1800	赫歇尔	"小"银河系	4 300
1922	沙普利	银河系	55 000
1934	哈勃	多个星系	3 000 000 000
2019	所有人	"爆炸"的宇宙	46 000 000 000

　　在近五千年里，人类所认知的世界的大小一直在增长，从没停止过。它的半径增加了 10^{20} 倍，这个数大得难以想象，即使每秒读 100 位，也需要 300 多亿年才能读完。同时，它的体积增大了 10^{60} 倍，这个数比 10^{20} 还大 10^{40} 倍。

　　直到 1920 年，人类所认知的世界的大小随时间几乎严格按指数增长，平均每百年增大约 8 倍。但在最近的 100 年里，增长的速度发生了飞跃，大小激增了 10^{18} 倍。

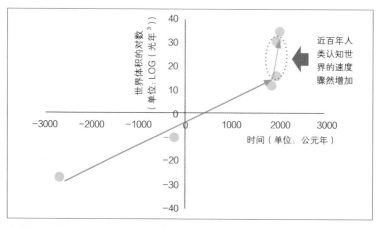

人类所认知的世界的大小随时间增长 [30]

人类所认知的世界不仅大小在增加，而且维度也在增加。古人认为世界是二维的"大平板"，牛顿认为有长宽高三维，而爱因斯坦又加上了第四维——时间，今天流行的弦理论认为世界有10或11维。

人类所认知的世界的维度随时间增长

年代（公元）	代表人物	理论	维度
−2700	夸父	"大平板"	2
1687	牛顿	经典物理	3
1905	爱因斯坦	相对论	4
2019	弦科学家	弦理论	10 或 11

滑稽的是，每代人都认为自己所发现的世界已经"大得不能再大了"。难怪玻尔（Niels Bohr，1885—1962）曾说："……从长远——而通常要不了多久——来看，那些最大胆的预言都显得保守得可笑。"如果历史可以为鉴，我们并没达到世界的边缘，可能还远远没有达到，甚至可能永远达不到。人类所认知的世界的大小不仅还将继续扩大，而且扩大的速度会越来越快。

今天已知的宇宙，就连光从一头走到另外一头，也要920多亿年，人的平均寿命还不到92年，我们怎么可能找到它的边缘？这问题让人想到庄子的话："吾生也有涯，而知也无涯。以有涯随无涯，殆已！"[31] 但先别悲观，我们有个"无涯"的工具，也许可以用来找到宇宙的边缘，它就是思想。

既然我们一时无法到达世界的边缘，也许可以先研究一下眼前的世界——它是由什么构成的，其核心架构是什么，从而推断它的边缘究竟在哪里。

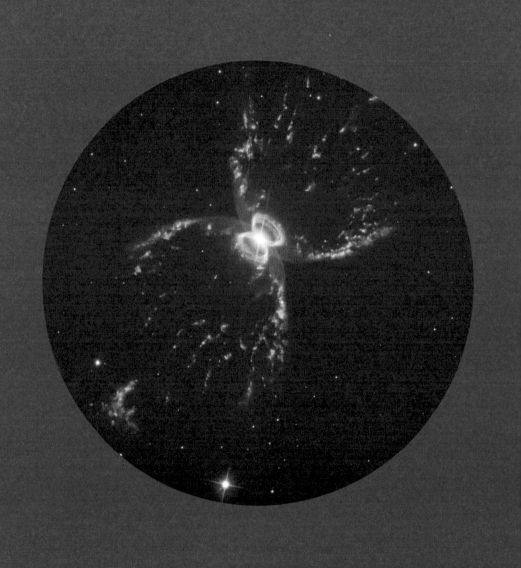

第四章

幻像的边缘

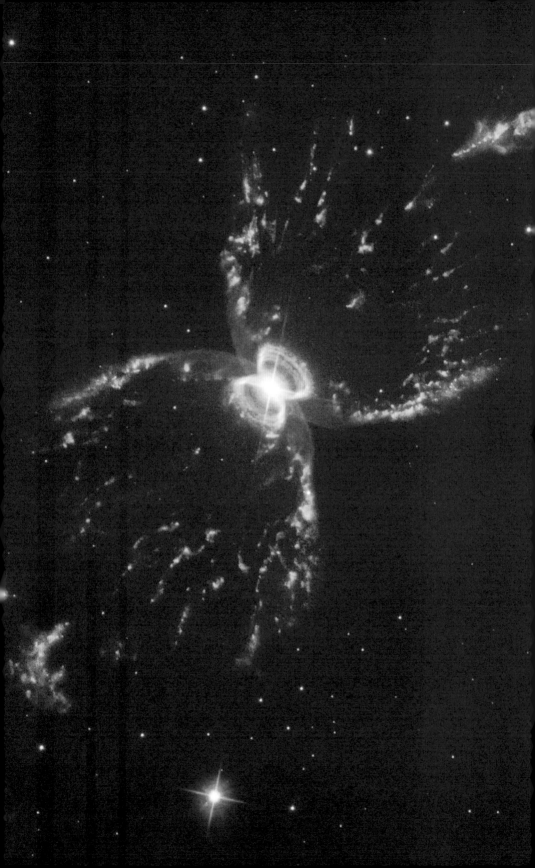

南蟹状星云（又称 Hen2-104）是半人马座中的一个星云，距离地球几千光年，它的中心恒星是一对共生的米拉变星——白矮星。

所有我们称之为"真实"的东西是由我们不能称其为"真实"的东西组成的。

——玻尔

从毕达哥拉斯到哥白尼，从牛顿到爱因斯坦，我们向越来越远的地方进发，寻找世界这座"迷宫"的边缘。但找来找去，却成了无头案。"迷宫"实在太大了，即使穷尽一生，人能探索的范围也不足沧海一粟。而且这边缘在越来越快地离我们而去，人类能达到的速度远不及它"逃逸"的速度。

既然找不到它"大"的边缘，也许可以探寻它"小"的边缘？如果把世界"拆开"，看看它是由什么组成的，也许微观的秘密能告诉我们它的边缘究竟在哪里？

我们满眼看到的都是光，要搞清楚世界的微观构成，首当其冲的是搞清楚光是什么。

关于光是波还是粒子，科学家们争论了近 300 年。这么大的争论，应该有个惊天地泣鬼神的结局吧？一方应一败涂地，乞求世界的原谅；另一方应洋洋得意，沐浴世界的赞美吧？没有，结局就像石头扔在水里，连个泡都没冒。

让我从前面托马斯·杨用双缝实验证明光是波的故事接着说。虽然这理论刚被提出时（19 世纪初）饱受嘲笑，后来接受的人越来越多，但人类仍不知道光究竟是什么。直到 19 世纪下半叶，英国出了个浪漫的科学家，凭借优美的数学发现了光的本质，他的名字叫麦克斯韦（James Clerk Maxwell，1831—1879）。

擅写情诗的物理学家

麦克斯韦自幼聪明，16 岁就进入苏格兰的最高学府爱丁堡大学学习。他在班上最小，成绩却名列前茅，19 岁到剑桥求学，毕业后研究电磁学。

许多人误以为科学家都枯燥乏味，缺乏浪漫情怀，麦克斯韦是个著名的例外。他喜欢写诗，他的一些诗作，包括给妻子的情诗，流传至今。下面这首不是情诗，一般人甚至看不出是诗，却是他毕生的巅峰之作：

$$\nabla \cdot \mathbf{D} = \rho$$
$$\nabla \cdot \mathbf{B} = 0$$
$$\nabla \times \mathbf{E} = -\frac{\partial \mathbf{B}}{\partial t}$$
$$\nabla \times \mathbf{H} = \mathbf{J} + \frac{\partial \mathbf{D}}{\partial t}$$

麦克斯韦夫妇

　　你也许读不懂，因为它是用"数学语言"写就的，但你仍能品味出它的优美，就像一首好听但听不懂的外文歌。这就是著名的麦克斯韦方程组，被普遍认为是科学史上最美的一组方程，用区区四短行就总结了前人几乎全部电磁场理论。

　　但它们的魔力远不止对已知信息的总结，它们还揭示了前人所不知道的奥秘。当时的科学家们已经知道，电和磁有着一种"对称"的关联：变化的电场会产生磁场，而变化的磁场也会产生电场，但并不知道电、磁与光有什么关系。麦克斯韦想到，电场和磁场交互产生，越传越远，不是可以形成一种波吗？他于 1865 年预言了电磁波的存在，并算出它传播的速度约为 310 740 千米 / 秒，"碰巧"和当时法国物理学家菲佐测出的光速十分接近。于是他大胆提出，光是电磁波的一种形式。23 年后，德国物理学家赫兹才用实验证明了电磁波的存在。

既然光是波，牛顿的"粒子说"就错了吧？但"粒子说"的诸多证据又如何解释？就在"波"、"粒"二派争论得疲惫不堪又毫无结果时，1905 年，爱因斯坦提出了光电效应的光量子解释，揭示了光同时具有波和粒子的双重性质，即所谓"波粒二象性"（wave-particle duality）——他指出光既是"水波纹"又是"子弹"，"粒子说"和"波动说"都是对的！

如果是某位宗教领袖提出这种显然自相矛盾的理论，人们还能似懂非懂地勉强接受，但现在是爱因斯坦这样顶尖的科学家在说表面看起来完全不可能的事！"波"和"粒子"是直接矛盾对立的——"波"是虚无、变幻和连续的，而"粒子"是实在、确定和分离的，说光既是"波"又是"粒子"，就像说一张纸既是黑的又是白的，怎么可能？但日后无数实验和研究证明光的确有"波粒二象性"。它就像一张纸，一面黑一面白，站在它两边的人为是黑是白争论不休。

这是个石破天惊的发现，因为在那之前，被"格子综合征"所困的人们无法想象彼此矛盾的性质可以存在于同一件事物中，总想将两边分裂开来，对立起来。在"数学凶杀案"那一节里我们就看到过这一现象——虽然任何长度都同时可以用有理数和无

"波动性"和"粒子性"是一对阴阳

理数来描述,但有理数和无理数之争却激烈到了你死我活的程度。

"波粒二象性"让我们想到阴阳理论。如果"波动性"和"粒子性"是一对阴阳,"波粒二象性"不仅是可能的,而且是必需的。正像世上不存在只有一面的纸一样,任何事物都必须具有彼此对立的阴阳两面,并不存在"纯阴"或"纯阳"的事物。

许多人认为阴阳理论晦涩难懂、故弄玄虚而又毫无用处,让我们用它进行一次大胆的推理,看能否得到有用的洞见。根据该理论,"任何事物"都有阴阳两面,那么是否所有的物质都像光一样,既有波动性又有粒子性?在当时,人们已经知道物质是由基本粒子组成的,只有粒子性,没有波动性。说物质有波动性,就像说你正捧着看的书是一堆虚无缥缈的波一样,荒诞至极。这也许足见阴阳理论的错误和无用?

1924年,一个文科出生、年仅32岁的法国人,指出物质确实有波的性质——从某种意义上说,你正在看的书确实是一堆波。

德布罗意

放弃坦途的贵族

这年轻人叫路易·维克多·德布罗意（Louis Victor de Broglie，1892—1987），属于那种特别幸运，在西方被称为"含着银汤匙出生"的人（"born with a silver spoon"）。在法国，德布罗意家族声名赫赫，他出生前两百年就已开始为各朝国王效力，在战场和政坛屡立功勋，拥有亲王和公爵两个爵位。路易自幼好学，很有文学才华，后来攻读历史，18 岁获巴黎索邦大学文学学士学位。出生在这样一个家庭，又受到如此良好的教育，荣华富贵的人生坦途似乎毫无悬念——他应该像先辈那样进入军界或政坛，平步青云，继续家族的丰功伟业。

但他没有，因为他内心深处热爱的并不是军界或政坛。对自然奥秘的好奇驱使他放弃了唾手可得的人生坦途，弃文从理，去学习德布罗意家族毫无建树的物理。一战期间，他在埃菲尔铁塔上的军用无线电报站服役六年，利用闲暇时间读了很多科普著作，还常与研究物理的哥哥莫里斯讨论。普朗克、爱因斯坦等人的理论让他耳目一新，激发了他对物理学的兴趣。退伍之后，他跟随著名的朗之万（Paul Langevin，1872—1946）[32] 攻读物理学博士。

也许是因为生活在巴黎这个艺术之都，也许是因为他受过良好的文科教育，德布罗意十分懂得对称的美。既然光波有粒子的特性，那么对称的，基本粒子是否也应该有波的特性呢？他在博士论文中首次提出，组成物质的基本粒子都和光子一样，既是粒子又是波，他把这波叫做"物质波"。

说捉摸不到的光是波，人们还可以接受；但说可以触摸的物质是波，对一般的科学家就太玄妙了。科学界对德布罗意这篇开创性的论文不置可否，保持着一种不懂、不同意但又不知如何反驳的沉默，绝大多数人甚至没放在心上。朗之万拿捏不准，将论文寄给爱因斯坦，爱因斯坦阅后非常惊喜，他没想到自己所创立的波粒二象性理论被德布罗意进行了如此宏大的拓展，于是大力推荐，在一篇文章中写道："一个物质粒子或物质粒子系可以怎样用一个波场相对应，德布罗意先生已在一篇很值得注意的论文中指出了。"

德布罗意的理论因此得到了广泛的注意，并被推广和验证。1927 年，美国和英国的两个实验室通过电子衍射实验各自证实了电子确实具有波动性，其后质子、中子、原子的波动性都得到了实验证实。1929 年，37 岁的德布罗意获得了诺贝尔物理学奖。

其后，他继续研究物理，晚年继承了家族爵位，成为第七代德布罗意公爵。已经功成名就的他总可以荣华富贵一番了吧？他还是没有，因为他的心思根本不在荣华富贵上。他选择住在平民小屋，过简朴的生活。

"物质波"的发现证明阴阳理论是对的吗？阴阳理论是对世界核心架构的哲学概括，就像指出每张纸都必须有两个面一样，是不需要通过某一张纸来证明的。它认为世界是由矛盾对立而又互补互依、互相转换的"阴阳"组成，阴阳关系体现在世界的所有层面和维度，因此有无数对"阴阳"：数和物，时间和空间，唯物和唯心……。"粒子性"和"波动性"只是其中一对，"物质波"是阴阳理论在物理上的一次体现。

即使在近百年后的今天，"物质是波"对一般人来说还是太玄妙。你周围的书、桌子、房子看上去客观实在，但在微观上是波。"物质波"已经被无数实验所证实，是现代物理的核心和基石之一，并不仅仅是假说。

既然基本粒子都有"波"和"粒子"双重性质，为什么从前的科学家都只看到其中一面？给出答案的，是个信奉阴阳理论的丹麦人。

玻尔

信奉阴阳理论的丹麦人

他叫玻尔，出生于哥本哈根。他自幼喜欢踢足球，在哥本哈根大学读物理时，是校足球俱乐部的明星守门员。他对科学达到了痴迷的程度，据说有时甚至一边心不在焉地守着球门，一边用粉笔在球门框上演算。大学毕业后，他从事原子物理方面的研究，仍然踢足球，是当地著名的"科学家球星"。据传，在一场丹麦AB队与德国特维达队的比赛中，德国人外围远射，做守门员的玻尔却在门柱旁思考一道数学难题。这种痴迷并非枉然，他 37 岁时因为对原子结构理论的贡献而获得诺贝尔奖，成为量子物理的奠基人之一。

为什么每次科学实验都只能观察到"波粒二象性"中的"一象"？玻尔提出了"互补原理"（complementarity principle，又称互补性原理、并协性原理）来解释。他指出，原子现象不能用经典力学所要求的完备性来描述，构成完备的经典描述的某些互相补充的元素，在原子现象中是相互排除的，但它们对描述原子现象都是需要的。用老百姓能懂的话说就是，如果把原子现象比作一张纸，波动性与粒子性就像它的两面，是互补又是互斥的。如果给纸拍照，每次只能拍到其中一面，不可能同时拍到两面；但必须描述两面，才算对纸做出了完全的描述。

玻尔首度公开宣讲互补原理时采用了大量哲学语言，使听众感到既震惊又困惑。玻尔认为互补原理是一个普遍适用的哲学原理，因此试图用它去解决其他领域和学科（如生物学、心理学、数学、化学等）中的问题。从下面这个故事看，他已经意识到这个哲学原理在东方被称为阴阳理论。

他 62 岁时，丹麦政府为表彰其成就和贡献，授予他大象勋章（Order of the Elephant）。在丹麦，这是至高无上的荣誉，一般只颁给最杰出的皇室成员或将军，每个获奖者都需要提供一枚纹章，挂在弗雷德里克斯堡的"荣誉墙"上。玻尔不是皇室或贵族，没有现成的纹章，决定自己设计一个。他要把一个在他心中最重要的图案放在纹章正中，于是选择了阴阳太极图。纹章上还

玻尔的大象勋章

要写几个最能反映他核心思想的字，于是他写下了"Contraria Sunt Complementa"（"对立即互补"）。这图案和文字是"互补原理"的最佳诠释，也是他一生科学智慧的完美概括。

当时（1947 年）中国正值内战，国人很少注意到一个丹麦科学家用阴阳太极图做了自己的纹章。在其后的 30 年里，中国经历了"文化大革命"等一系列事件。1982 年改革开放后，中国人被中西方间的鸿沟所震撼，不少国人盲目崇拜西方科学，把阴阳理论当做似是而非的陈词滥调加以摒弃。殊不知，对智慧的追求条条大路通罗马，阴阳理论和相对论、量子物理一样，是人类智慧的结晶。

阴阳理论是一种哲学，和其他哲学一样，很容易停留于模糊的概念、词汇的堆砌和肤浅的重复，玻尔等西方科学家并没有落入这个陷阱，而是锲而不舍地向更深处挖掘。

"物质波"看上去飘忽不定，它遵循着怎样的数学法则？给出答案的人是奥地利物理学家薛定谔（Erwin Schrödinger，1887—1961）——就是"薛定谔的猫"中的那个"薛定谔"[37]，他的灵感来自一段婚外情。

婚外情激发的灵感

1925年圣诞节，瑞士阿尔卑斯山麓中一间很有魅力的客栈里。薛定谔一丝不挂，四脚八叉躺在床上，看上去像个"大"字。因为刚才的激情，平素梳得整齐的头发变得狂野。他没戴眼镜，眼睛显得有点迷蒙。虽然38岁了，他因为酷爱登山、远足、滑雪等运动，没像许多同龄的科学家那样发福，还是精瘦精瘦的。

他的情人坐在床沿上，正在穿衣服，她来自薛定谔的老家维也纳。她和他这个有妇之夫在一起，并非图什么钱财，因为他只不过是苏黎世大学的一个穷酸教授；也不是为了什么名誉或地位，因为从一开始他就申明自己永远不会离婚（她并不明白他为什么要维持一个名存实亡的婚姻，更何况他的妻子安妮因为无法生育而没有后代）。她崇拜他，被他仿佛来自另一个世界的睿智所吸

薛定谔

引，只想和他拥有一段无人打扰的时光。

　　他躺在床上，冥思苦想苏黎世联邦工学院的诺奖得主德拜（Peter Debye）给他的挑战——算出描述物质波的方程。德拜认为薛定谔最近的一个关于物质波的讲座太"孩子气"，"要处理波的特性，你起码得有一个波动方程才行啊。"

　　薛定谔心里不服，这可是全人类都还没解决的难题啊。但德拜也不无道理，更何况能拦住全世界的问题，不见得能拦住他薛定谔，于是他决定试试。他首先从相对论出发，毕竟，爱因斯坦已经创造了很多数学和物理工具可以用，但他很快就发现这条路是个死胡同。他在原地踏步了好多天，感到才思枯竭，只好和情人出来度个两周半的圣诞假，换换脑筋。

这次度假安妮八成是知道的，因为他的婚外情简直成了家常便饭[33]，情人中既有助手的妻子，也有年方二八的女中学生；既有政府职员，也有演员和艺术家。他并非简单地水性杨花，对感情他每次都全情投入，并写了不少情诗，后来还发表了一本诗集。他甚至试图过一妻一妾的生活，因而受到周围传统基督教文化的巨大压力。也不知安妮和他有什么默契（据说安妮也有婚外情），他们竟然白头偕老，她甚至照料过他非婚生的孩子。安妮坦然地说："与金丝雀一起生活比与赛马一起生活更容易，但我更喜欢与一匹赛马一起生活。"[34]

情人伸长了修长的腿，慢慢地穿上长筒丝袜，他不由得走了神。她的身体多迷人啊，腰肢和臀部的比例一定符合黄金分割，他脑子里浮现出毕达哥拉斯的公式……假如把她身体放平，把长腿的直线当 X 轴，丰满的胸脯和翘起的臀部就像一个优美的波，可以用正弦曲线来描述……他脑子里突然灵光一闪，一大堆数字符号魔幻般地整合到一起。他跳下床，顾不得穿衣服，开始奋笔疾书。

能难倒全世界的问题，终究没能难倒薛定谔，一个伟大的公式诞生了[35]：

$$i\hbar\dot{\Psi}=H\Psi$$

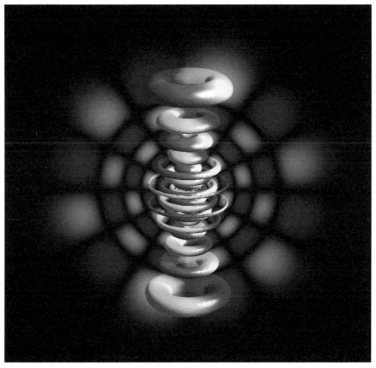

一个氢原子的波函数示意图（该氢原子处于 n=12、l=6、m=1 的静止态，此图基于薛定谔方程的解。）

这个被称为薛定谔方程（Schrödinger equation）的公式对于量子力学，就像牛顿的万有引力方程对于天体物理那么重要。它和麦克斯韦方程组一样，有一种"数学之美"。后来，和薛定谔同年获得诺奖的英国物理学家狄拉克（Paul Adrien Maurice Dirac，1902—1984）说："我发现自己同薛定谔意见相投要比同其他任何人容易得多，我相信其原因就在于我和薛定谔都极为欣赏数学美，这种对数学美的欣赏曾支配我们的全部工作，这是我们的一种信条，相信描述自然界基本规律的方程都必定有显著的数学美，这对我们像是一种宗教。奉行这种宗教是很有益的，可以把它看成是我们许多成功的基础。"对薛定谔来说，女人身体的美成了发现科学之美的灵感。

薛定谔方程描述的是粒子在空间某处出现的可能性随时间的变化，其绝对值的平方对应着粒子在该处出现的概率密度（probability density）。在量子力学中，粒子的波动性被称为"概率波"，描述它的函数被称为"波函数"[36]。概率波是关于"可能性"的数学，绝不是我们所熟知的、僵硬确定的"东西"。我们可以把它想象成一团"数字的烟"，它在空中的分布并非均匀，所以在不同的地方有不同的浓度；而且它在"飘动"，所以在空间中各点的浓度是随时间变化的。薛定谔方程就是描述在空间中某点，"烟"的浓度随时间变化的方程。

具有波粒二象性的物质何时显出粒子态，何时显出波态？为了找到答案，科学家们进行了两组不同的双缝实验，其结果颠覆了人类对现实的认知。

"狡猾"的光子

首先，他们把光源调到足够弱，让单个光子一颗接一颗地穿过双缝，打到后面的屏上。不出所料，他们看到了干涉图案（一排竖杠，如下图左所示）——光子表现出了波动性。这很经典，没什么好奇怪的。

◯ 数学算出未知世界 ◯

许多人认为毕达哥拉斯的"万物皆数"是错误的唯心主义——数学是描述世界的，而世界不是按照数学"搭建的"。但人类发现一个怪现象，有许多在现实中没有被发现，甚至很难想象的事物，根据数学被推算出来，结果被科学实验发现了。

最著名的例子之一是反物质的发现。你有生以来接触到的所有物质都是普通物质，也叫做正物质——你的身体，手里的书，眼前的世界都是正物质，其中的电子都是带负电荷的，所以也叫"负电子"。

但狄拉克根据数学推算，发现带正电的电子（也叫"正电子"）"应该"存在。他和毕达哥拉斯一样，相信"物理定律应该有数学之美"，根据美（对称、简洁）的原则，基于洛伦兹对称性，他创造了著名的狄拉克方程，解释了电子的自旋和磁性。但该方程有一正一负对称的两个解，和这两个解相对应的，是负电子与正电子。

当时人们只发现过负电子，从来没探测到过正电子，说正电子存在，就像说存在一个和太阳对称的"冰太阳"一样，是无法想象的，甚至是荒谬的。但科学家们根据狄拉克方程算出的结果去寻找，竟然发现了正电子！其后人类发现，组成正物质的正常粒子（"正粒子"）均有与其相对应的"反粒子"，它们可以组成反物质，甚至一个"反世界"。

当正、反物质相遇时，就会相互湮灭抵消而发生爆炸，其能量释放率要远高于氢弹。在丹·布朗的著名小说和同名电影《天使与魔鬼》（*Angels and Demons*）里，恐怖分子计划用 0.25 克反物质炸毁整座梵蒂冈城。

虽然数学算出的反物质被发现了，但总有数学算出的东西在现实中并不存在吧？也许，但也许是人类还没发现它们，或还没能理解它们以何种形式存在。

科学发展不仅没能证明"万物皆数"是错的，反而发现越来越多的证据表明它可能是对的，正如比毕氏晚出生两千多年的伽利略所说："宇宙这部宏伟的著作是用数学的语言写成的。"

狄拉克

电影《天使与魔鬼》海报

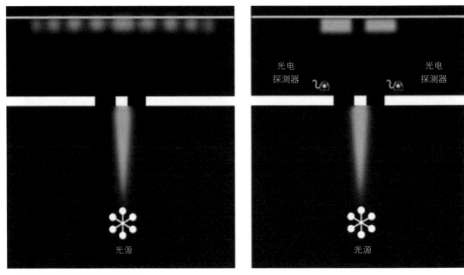

双缝实验结果因有无观察而改变

　　但每颗光子究竟是从哪条缝过去的呢？他们在缝边装上光电探测器来侦测。但怪事发生了，一旦他们知道了光子是从哪条缝穿过去的，屏幕上的结果就成了两条竖杠（如上图右所示），这显示出光子的粒子性。也就是说，光子在没被观察时表现出波的性质；而被观察时表现出粒子的性质——根据有没有被观察，光子的"行为"是不一样的！（如果想得到更详尽的说明，请参阅《我·世界——摆在眼前的秘密》[37]。）

　　打个比方。假想你端着一把以光子为"子弹"的机关枪[38]，站在离两面平行的墙有一定距离的地方。离你较近的那面墙上有两条相距很近的竖缝，你朝它们扫射。"子弹"会穿过竖缝，在后面的墙上留下"弹孔"。因为离得较远，而且"子弹"飞得很快，

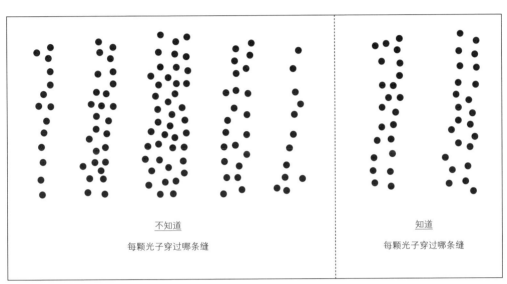

不知道
每颗光子穿过哪条缝

知道
每颗光子穿过哪条缝

双缝实验的结果因为是否知道光子穿过哪条缝而不同（示意图）

你看不清每颗究竟是从哪条缝穿过去的。你射击一阵，"弹孔"会形成一排竖杠（如上图左所示），这是因为光子显出了波动性，墙上为干涉图案。

但如果你在双缝附近装上高速摄像头，监视每颗"子弹"是从哪条缝过去的，"弹孔"就会形成不同的图案——两条竖杠（如上图右），这是光子粒子态的体现。

这很蹊跷——光子又没长眼睛和脑袋，怎么"知道"有没有被监视，从而显出不同的"行为"？科学家们做了各种实验反复验证，但结果是一样的：如果实验者知道光子是从哪条缝过去的，它们便显出粒子态；如果不知道，则显出波的性质。而且把光子换成其他基本粒子（如电子、质子、中子等）做实验，结果也一样。

这是人类历史上最惊人、也最具哲学意义的发现之一——物理对象根据是否被观察而表现出不同的"行为"。在那以前，人类一直以为实验是独立于"观察"的——有没有人在观察，谁在观察，实验结果都一样。但上面的实验却说明实验结果和"观察"有着前所未知的神秘关系。

除了双缝实验，有许多其他证据也说明"观察"对被观察的对象有着深刻的影响，其中一类被称为量子芝诺效应（Quantum Zeno Effect）[37]，指持续观察一个不稳定（容易衰变）的粒子，它将不会衰变——足够高频率的观测会使其"冻结"在初始状态。这就像被放在温室里的一块神奇的冰，如果你不管它，它很快就化了；但如果你盯着它看，它就总也不化。[39]

基本粒子在被观察时，才从波"固定"成一颗确定的粒子（唯一的"现实"），量子物理学家们给这个变化过程取了个玄幻而赋有动感的名字，叫做"坍缩"（"collapse"）。没有观察，就没有坍缩，也就没有被观察到的粒子态，所以不仅"观察"对于实验不可或缺，而且实验结果根本就是"观察"所导致的——你所看到的是因为你在看。玻尔总结得很好："任何一种基本量子现象只在其被记录（观测）之后才是一种现象"，"而在观察发生之前，没有任何物理量是客观实在的"。

牛顿客观独立、确定僵硬的"大钟世界"在量子力学的实验证据面前轰然崩塌，取而代之的是一团"数字的烟"（概率波或可能性），时间、空间、物质、能量浸没其中，每个观察者用"观察"创造了自己眼中的现实。德国物理学家海森伯（Werner Karl

Heisenberg，1901—1976）说得一针见血："原子或基本粒子本身不是真实的，它们组成了一个潜在或可能性的世界，而不是一个实物或事实的世界。"玻尔也说："所有我们称之为'真实'的东西是由我们不能称其为'真实'的东西组成的。"他十分明白这有多违背常识和直觉，"如果量子力学没从根本上让你震惊，那你就还没弄懂它。"

但仔细推敲一下这些理论就会发现很大的问题：在没有生物对宇宙进行观察之前，宇宙是客观实在的吗？回答这个问题的，是个摸过 1.1 万伏高压电而生还的人，他的名字叫惠勒（John Archibald Wheeler，1911—2008）。

现在决定过去

从小，惠勒就是个特别好奇的孩子，为了弄清 1.1 万伏高压电是什么感觉，他竟然用手去摸。他四岁就问母亲"宇宙的尽头在哪里？在宇宙上我们能走多远？"，当他发现连在他眼里什么都知道的母亲都被难倒了，便更加好奇，四处查书；当连书里也查不到的时候，他便将一生奉献给了对宇宙奥秘的探索。他 21 岁获得了霍普金斯大学的博士学位，其后到哥本哈根大学成了玻尔的同事。他回忆说，"我们讨论了许多宗教人物，菩萨、耶稣、摩西，在和玻尔的对话中，我相信他们真的存在。"

惠勒最具代表性的思想是"现在"的观察可以坍缩"过去"的概率波，今天的观察能把历史从"可能性"确定成现实。历史

惠勒

不是已经发生过了吗？它应该是唯一、真实、固定的吧？惠勒的回答是否定的，他认为历史只是"数字的烟"（可能性或概率波），是我们今天的观察将历史"固定"了下来。

这思想和常识截然相反。你坚信自己出生之前世界已经存在，因为老人们告诉了你，而且你看到有婴儿出生到这个世界上；你知道历史上发生了什么，因为有史书可查，而且有古迹可考。但许多你深信的历史并不真实，如中国四大美女之一貂蝉根本不存在[40]，穆桂英、潘金莲、花木兰统统是子虚乌有，刘关张没有桃园三结义，诸葛亮也不曾指挥赤壁之战[40]，宋江、武松等一百零八个梁山好汉尽是虚构。

你也许认为这些错误印象都是因为文学作品，如果去除人为的因素，应该存在一个"绝对真实"的历史。但你只是在根据现在的观察对过去进行推断，并不"直接知道"自己出生之前世界是否以你所熟知的方式存在，或发生了什么。你就像在看一部电影，可以根据其中的情节推导出它的"前传"，但"前传"是另一部电影，你并没直接看过。

惠勒的思想并非空穴来风，而是基于他所设计的"延迟选择实验"（Delayed Choice Experiment）[37]。这是经典双缝实验的变化版，已于1984年得到验证。

在经典实验中，是否观察的区别发生在双缝（下图中的 A 处）。按照传统时间观，光子先飞过 A，再飞过 B。它根据在 A 处是否被观察"选择"波或粒子的状态，飞到 B 的时候，这一"选择"早已发生，它的状态不会改变。

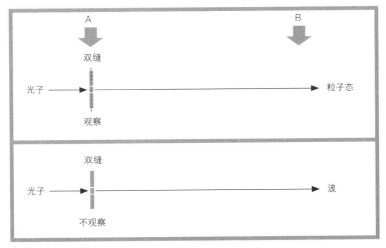

经典双缝实验示意图

但在延迟选择实验中（如下图所示[41]），观察者不在 A 处，而在 B 处进行观察。照理说，光子在穿过双缝时没被观察，应该已经"选择"了波的状态，无论在 B 处是否被观察，都应该显出波动性。但实验结果不是这样：光子如果在 B 处被观察，就会显示粒子态，仿佛它能根据在 B 处（"现在"）是否被观察，而在时间上"跳回"到 A 处（"过去"）进行波或粒子的选择[37]。

　　基于这个实验，惠勒提出了一个颠覆传统时间观的推论：现在决定了过去——你现在看的这部电影决定了"前传"的内容，而不是先有前传，才有现在看的电影。"我们此时此刻做出的决定，……对已经发生了的事件产生了不可逃避的影响。"也就是说，"并没有一个过去预先存在着，除非它被现在所记录"。他的观点和玻尔是一致的，只是他把"过去"也纳入了未观察之列：我们

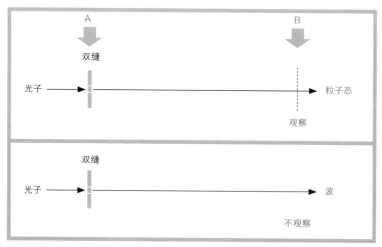

延迟选择实验示意图

所见到的世界，是由于观察而成为存在的。在被观察之前，亚原子粒子存在于多种状态之中，即叠加态（他称之为"巨大的烟雾龙"），一旦被观察，粒子会瞬时坍缩为单一确定的状态。

"观察"必须有个有意识的主体——只能是"某某"在观察，谁都没有就谈不上"观察"，而观察者必然成为参与者——没有主体的、"纯粹客观"的观察是不可能的。于是惠勒提出了"参与的宇宙"（"participatory universe"）的理念，认为宇宙是一个"自激回路"（自己导致了自己），人现在的观察参与并创造了宇宙的诞生。他提出了"参与式人择原理"（Participatory Anthropic Principle）："我们不仅参与了眼前和此刻的形成，而且，也包括千里之外和久远之前。"

我们本以为先有宇宙，后有人；宇宙是永恒的，人只是宇宙的产物，是暂时的过客。惠勒却认为，宇宙离不开人——宇宙产生了人，人也通过"观察"参与了宇宙的产生。奇妙的是，佛教有类似的思想，认为宇宙是过去、现在和未来所有众生的"业力"（karma）所导致的——众生的身体生活在宇宙中，但没有众生就没有"业力"，也就没有宇宙。

宇宙可以被看作一个"因果链条"（大爆炸导致了空间的膨胀，进而导致了星系的形成，进而导致了生物的产生和进化，进而导致了人类……），惠勒和佛教认为这链条是首尾相连的，就像西方传说中的神物"衔尾蛇"（Ouroboros[42]）。一般人会认为这是胡说八道，因为原因和结果完全对立，而且总是先有原因后有结果，无法颠倒。但前文提到，爱因斯坦已经发现时间顺序并非绝

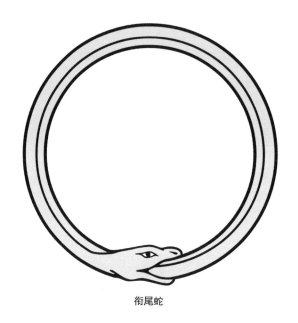

衔尾蛇

对，可以因为观察者的运动状态而颠倒——从某种意义上说，时间是个幻像。

尽管"衔尾蛇"模型难以想象，却比传统宇宙观更"优美"、更容易自圆其说。当因果链条首尾相连，就形成了一个"自洽"的圆圈——任何现象都有其解释；但如果不相连，就会有"丑陋"的两端——一端是没有原因的原因，另一端是没有结果的结果，无法"自洽"。在传统宇宙观中，宇宙来得没有原因，也不知结果在何处，是非常奇怪的。

惠勒在晚年专注于研究"对于宇宙结构来说，生命和意识是毫不相关还是至为重要？"他认为是后者："实在是由一些观察的

时间圆环的遐想

我们遇上过一些原因和结果纠缠不清的东西，例如鸡和蛋，因为它们是因果循环的，先有鸡还是先有蛋是个亘古争论的问题。此外还有许多因果循环的事物，我们往往视而不见。

例如太阳。假如一只能活20分钟的细菌足够智慧，就会发现太阳是从东边开始，在西边结束的。但它可能想不到，西边结束的太阳正是东边开始的太阳的原因。广言之，事物只要是周而复始的或"圆的"，就是因果循环的。这样的事物何其多：四季，昼夜，月亮的圆缺……。"圆的"事物也很多：月亮绕着地球转，地球绕着太阳转，太阳绕着银河系的中心转……也许，我们只是像思考太阳的细菌那样眼界太短浅，宇宙的确像惠勒所指出的那样是首尾相接的。

时间能够"首尾相接"吗？遥远的过去和遥远的未来可能是相连的吗？我们不知道，但可以遐想。

设想，时间是个"大圆环"，我们在其上叫做"现在"的一点。沿着圆环回溯138亿年，有个叫做"大爆炸"的

点；从"现在"往未来前进，我们会绕圆圈一周，回到"大爆炸"。如果继续前进，我们又会回到"现在"。

让我们把想象的翅膀张得更大一些，到我们所害怕的"黑暗领空"去翱翔。即使时间圆环只有"一辈子"那么长——你出生时才"开始"，死亡时又"归零"（回到出生那一点），你是不会察觉的。

若如此，宇宙138亿年的历史是怎么回事？历史只是你通过观察现实推导出来的信念，只要现实（包括科学家的观察和发现，你所接受的一切信息等）周而复始地重复，你就"每次"都会推导出同样的过去。仅仅从逻辑上说，在一个"一辈子"的圆环里，你所经历的现实可以和你到目前为止的经历一模一样[43]，科学的发现也会一模一样，没有不"自洽"的地方。

这个貌似"荒诞"的模型逼着我们问一个问题：究竟什么是"现实"？如果连什么是"现实"都不知道，我们是没法找到世界的边缘的。

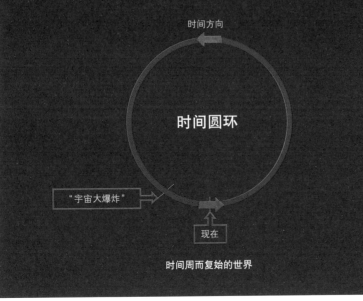

时间周而复始的世界

铁柱及其间的理论和想象构成的"；"并不存在独立于任何观察之外的宇宙。"他说，宇宙的奇迹胜过人们在"最狂野的梦里所能想象出来的最灿烂的焰火"。

皓月当空，只因你在仰望？

如果现实是因为观察而被创造的，不同的人就会创造不同的现实。如果你在赏月，而我在睡觉，月亮是不是粒子态呢？逻辑的回答是对你是，对我不是。那岂不成了你体验着一个现实，而我体验着另一个？

对多数人来说，这些思想很奇怪，有着浓浓的唯心主义的嫌疑。就连认为时空可塑、相信斯宾诺莎的上帝的爱因斯坦也无法接受以玻尔、海森伯和玻恩为首的科学家们所倡导的量子理论，他曾问一个学生："你是否相信，月亮只有在看着它时才真正存在？"在他眼里，世界是客观确定的，他反感随机的概念，认为"上帝不会掷骰子。"玻尔认为爱因斯坦再聪明，也不见得知道上帝的心意，"别告诉上帝怎么做！"是他对爱因斯坦的回应。

两位科学巨擘所争论的，不仅仅是物理问题，也是哲学问题——世界在你没看它时，是不是以你习以为常、实实在在的形式存在？这问题以多种形式出现：基本粒子在没被观察时是否是粒子态？月亮在没人看它时是否照常存在？爱因斯坦认为是，而玻尔认为否。

从表面看，这争论像极了传统的唯物和唯心的争论——爱因

爱因斯坦和玻尔

斯坦好像是客观唯物的，认为世界是"真的"，是不以人的意志为转移的；而玻尔仿佛是主观唯心的，认为世界是"假的"，有了人的观察才成为"真的"。

但仔细想想就不尽然：玻尔并没说世界是臆造的，他只是说世界在没被观察时，不以我们所熟悉的方式存在而已——是波态，而非粒子态。概率波并非意念胡乱编造的产物，而是遵循着客观规律的一种存在——在某个地方发现某粒子的可能性可以用薛定谔方程算出来。

爱因斯坦也并非认为世界是和人毫无关系的独立客体。他指出，人与人之间并没共享着"同时性"，并不存在绝对的时空，每个人所体验的现实都取决于他所在的参照系。

他们争论了 30 多年，直至爱因斯坦去世。1935 年，论战达到顶峰，爱因斯坦自以为找到了玻尔的致命破绽——假如玻尔是对的，就应该存在一种被爱因斯坦讥讽为"幽灵般的超距作用"（spooky action at a distance）的现象——两颗相距十万八千里、毫无联系的粒子能瞬时地彼此感应，这显然是不可能的，于是他发表了一篇论文，提出量子力学是不完备的[44]。他的推理涉及一位前面提到过多次的科学家，名叫海森伯。

测不准的世界

此人出生于德国维尔茨堡（Würzburg），自幼聪颖过人，40岁前都顺风顺水——二十出头就敢挑战量子力学泰斗玻尔，被慧眼识才的玻尔收为徒弟；24岁创立了矩阵力学；31岁获得诺贝尔物理学奖。但其后的经历让他成了许多人眼里的恶魔，就连玻尔都这么认为；而在少数人眼里，他却升华成了天使。

像爱因斯坦一样，海森伯很注重问问题，曾说："我们所观察到的并非自然本身，而是自然因为我们问问题的方法而显露出的部分"，"提出正确的问题，往往等于解决了问题的一多半"。他想到一个有趣的问题：要描述任何东西的运动状态，都得知道它的位置和速度。如何才能知道一颗微观粒子（如电子）的位置和速度呢？我们必须用某个东西去和它互动（否则无法测量），比如把一颗光子打在电子上。但光子会导致电子的位置和速度发生改变——光子的能量越高，测出的位置就越准确，但测出的速度误差就越大；反之亦然。这么一来，岂不是位置和速度无法同时被

海森伯（左）和玻尔（右）

测准了吗？

　　这就像在一个充满浓烟的屋子里，从天花板上悬着一颗来回晃动的钢球，要测量它的位置和速度，你可以用玩具枪将玻璃珠射向钢球的大致方向，根据玻璃珠撞在钢球上的声响判断它的位置。但玻璃珠的碰撞会改变钢球的速度——玻璃珠飞得越快，发出的声响越大，位置测得就越准确，但钢球的速度改变得就越厉害。

　　从本质上，海森伯指出了一个人类所面临的"困局"：我们没法对一个东西进行观察，同时又对它毫无影响。如果观察，世界就变了；但如果不观察，我们如何知道世界是怎样的呢？世界

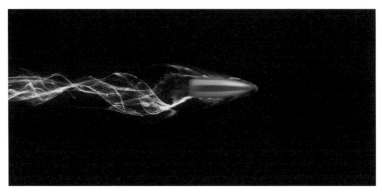

飞行中的子弹

就像老式摄影中的感光胶卷，我们只有在光下才能看到它的颜色，但因为它一遇到光就会变黑，所以我们每次看它时都是黑色的，我们无法知道不看它时是不是黑色（其实不是）。世界在没被观察时，是否以我们看着它时的样子存在？这不也是爱因斯坦和玻尔之争的本质吗？

海森伯根据数学演算，发现任何粒子的位置和动量[45]无法同时被确定——知道了位置，动量就不确定；知道了动量，位置就不确定，这叫做测不准原理（Uncertainty principle）。这就像给一枚飞行中的子弹拍照，曝光时间越短，子弹的图像越清晰，动感就不那么明显；曝光时间越长，子弹越模糊，动感就越强。总之清晰度（位置）和动感（动量）是鱼和熊掌，不可兼得。

请注意，此处不是说因为测量方法不够先进所以测不准，而是说"测不准"是物质的根本性质，无论多完美的方法都不可能消除它。我们前面用到了光子打电子，玻璃珠撞钢球之类的描述，仅仅只是为了引出问题，测不准原理是个放之四海而皆准的规律，与测量的方法和过程无关。

任何东西的位置和动量都无法同时被确定，我们在现实生活中怎么没发现啊？因为我们接触的一般是宏观物体，它们的质量（相对于微观粒子来说）十分巨大，所以"测不准"的程度微乎其微，无法察觉。微观粒子的不确定性较容易测量，例如，假如确定了一颗电子的速度，它位置的不确定性就变得无穷大——它按照一定概率分布在宇宙中所有的地方。

测不准原理颠覆了人类对现实的认知。在那以前，科学家们都和牛顿一样，以为世上所有东西的运动状态都是确定的——在任何瞬间，无论是否被测量，任何东西都精准地处在某个地方，精准地以某个速度运动。测不准原理把这个信条倒了个个儿：无论测量方法多完美，都不可能同时准确知道某个东西的位置和速度[46]。

我们无法对位置做出绝对精确的测量或描述。有意义的最小可测长度叫做普朗克长度，约等于 1.6×10^{-35} 米，它很短，一个质子里就可以放下约一百万亿亿（10^{22}）个。类似的，有意义的最小可测时间叫做普朗克时间，约等于 5.4×10^{-44} 秒，它也很短，把两千亿亿亿亿个普朗克时间加起来才约 1 秒钟。

从前我们以为时间和空间都是无限可分的，但它们实际上有最小的可分单位，在更小的尺度下，它们的传统标示将失去意义。世界是"不连续"的，就像电脑屏幕上的画面，远看平滑，但当我们把它放大到一定程度，就会看到一颗颗的像素，不可能有比这些像素更精微的细节。

当许多人测量同一个东西的位置和速度时，结果会不尽相同，这导致了一个重要问题：我们如何知道所有人观察到的是同一个东西？广而言之，如何知道所有人共享着一个世界（而不是每人各有一份世界）？

这些物理发现有着深刻的哲学意义，而海森伯深谙物理和哲学的联系，他曾说："现在无论是谁，如果没有相当丰富的当代物理学知识，就不能理解哲学，你要是不愿成为最落后的人，就应该马上去学物理。"亲爱的读者，你显然"不愿成为最落后的人"，否则怎么会花精力翻过本书中一座座物理的高山？你一定已经明白：这不仅仅是一本科普的书，也是一本哲学的书。

一半是天使，一半是魔鬼

既然海森伯那么聪明，天使和魔鬼又是怎么回事？这要从1939年爆发的第二次世界大战说起。战前德国的科学在全球遥遥领先，但其后希特勒的种族政策逼走了近一半科学精英，其中包括爱因斯坦、薛定谔、费米、玻恩、泡利、玻尔、德拜等世界级人才。在纳粹上台的第一年，就有约2600名科学家背井离乡。

德国是海森伯所热爱的祖国，他又拥有纯正的日耳曼血统，所以没有理由离开。1941年，他被纳粹德国任命为柏林大学物理学教授和威廉皇帝物理所所长，成为研制原子弹的领导人。当时德国是原子能军事应用方面最先进的国家，而且在捷克斯洛伐克控制着世界上最大的铀矿，希特勒的原子弹计划理应不费吹灰之力。

身着德国纳粹军服的海森伯

　　但海森伯给希特勒写了份报告，说需要至少几吨铀 235 才能生产出原子弹，所以在战争期间成功的可能性极低。他在计算中犯了个低级错误，把铀 235 的需要量算大了好几个数量级，其实十几公斤就够了。希望军事研究"短平快"的希特勒无心继续，便给了他 35 万马克经费，命令他"继续研究"。在其后的三年中，紧张的战事迫使德国将大量资金投入到坦克、飞机等武器的制造中，人才继续大量流失，原子弹计划几乎停顿。

　　到 1944 年，德国秘密警察组织（盖世太保）首脑、头号战犯希姆莱才再次注意到原子弹的研究，但德国在人才、经费、资源

原子弹的残酷后果
（英国 2015 年一次
反核活动的海报）

等方面均已匮乏。诺曼底登陆以后，德军腹背受敌，面对盟军迫在眉睫的攻击，德国人已经无力实现原子弹计划。与此同时，美国研制原子弹的"曼哈顿计划"耗资 22 亿美元，动用了约 50 万人，最终成功。1945 年 8 月，美国在日本广岛和长崎投下的原子弹导致了 20 多万人死亡，其中包括无数手无寸铁的妇女和儿童。

在常人眼里，如果海森伯是有意算错，阻止了希特勒的原子弹计划，避免了生灵涂炭，他就是个天使；但如果他是真心辅佐希特勒，只是因为无能而算错了，他就是个魔鬼。

海森伯标榜自己是天使，声称德国科学家们从一开始就意识到原子弹的杀伤力太强，涉及许多道德问题，因而不想研发；但又出于对国家的义务，不得不干。他们心怀矛盾、消极怠工，有意无意地夸大了制造的难度，再加上外部环境的恶化，使得政府最终放弃。

但许多人认定他是魔鬼，其中之一是为躲避纳粹而逃离丹麦的玻尔，终身都没能原谅他。许多参与了"曼哈顿计划"的科学家似乎必须证明海森伯是魔鬼，才能逃脱自己无视原子弹的道德问题的罪责，其中包括海森伯旧时的好友、"曼哈顿计划"的重要领导人之一古德斯密特（Samuel Abraham Goudsmit，1902—1978），他与海森伯在媒体上进行了多年公开辩论。

二战后海森伯并未销声匿迹。1946 年，他与同事一起重建了哥廷根大学物理研究所，并担任所长。十年后他被慕尼黑大学聘为物理教授，研究所也随他迁入慕尼黑。他在促进原子能和平应用上做出了很大贡献，1957 年，他和其他德国科学家联合反对用核武器武装德国军队，并担任了日内瓦国际原子物理学研究所第一任委员会主席。

那么，海森伯算错究竟是有意还是无意的？从种种蛛丝马迹判断（如他听说美国人在日本投了原子弹时认为是造谣，不可能是真的），很可能是无意的，但这并不重要，重要的是他没有导致无辜生命的丧失。我们不应该追究一个人"意念上"的对错。

海森伯是天使还是魔鬼？他既非天使，亦非魔鬼，而是凡人。在评判人方面，人类最常犯的错误之一是"格子综合征"——不是天使，就是魔鬼，不可能两者都是。在现实中，每个人都是善良与邪恶阴阳参半的，并无纯粹的天使或魔鬼。难道你身上不是优点与缺点、无私与自私、爱与恨混杂在一起的吗？

人是天使还是魔鬼？光是波还是粒子？世界是唯物还是唯心？现实是色还是空？在无数维度上，人类都看到貌似相反的阴阳两面，这些"阴阳对"的表象差别很大，但每一对的对称性是显而易见的。如果世界遵循着某种根本的、一致的法则，那么这些"阴阳对"之间的关系就应该具有某种类似性。事实的确如此，这关系在物理上表现为互补原理和波粒二象性，在哲学上被称为辩证统一，在宗教上叫做色、空。人既是天使又是魔鬼，光既是波又是粒子，世界既是唯物又是唯心，现实既是色又是空……只有当人类能接受这些对立事物的统一，才能从狭隘和偏执中走出来，看见真正的世界。

扯了这么远，海森伯和爱因斯坦所说的"幽灵般的超距作用"有什么关系？先别急，要理解爱因斯坦究竟是如何攻击玻尔的，我还得先介绍一个你耳熟能详但也许不知所云的词：量子纠缠（quantum entanglement）。

空间的幻像

对一般人，"量子纠缠"的定义确实不知所云：当粒子成对或成组地产生或相互作用时，即使它们之间相距甚远，也无法单独描述每个粒子的量子态，而必须将它们放在一起，作为一个不可

既是天使，又是魔鬼

德国曾有另一位既是天使又是魔鬼的科学家，名叫弗里茨·哈伯（Fritz Haber，1868—1934），他的命运和海森伯有许多平行性——如果说海森伯是德国日耳曼人的"阳"，哈伯堪称德国犹太人的"阴"。

哈伯的智力一点不比海森伯差，19岁就被德国皇家工业大学破格授予博士学位。他发明了大规模而且相对廉价的人工固氮法，至今约一半世界人口的粮食依赖于靠这个发明所生产出的氮肥，所以他堪称解决人类饥饿问题的"天使"。

一战中，哈伯被盲目的爱国热情冲昏了头脑，成了为德军制造化学武器的"魔鬼"。他发明的毒气造成近130万人伤亡，占大战伤亡总数约4.6%。其妻子，德国史上第一位化学女博士克拉拉·伊梅瓦尔（Clara Immerwahr，

1870—1915），对他的行径公开发表演说加以谴责。就在德军首次使用毒气三周后，她便用手枪结束了自己的生命，以极端的方式表达了对他的抗议，但她死后第二天，他便离开德国，到俄国前线组织毒气战。

1918年，一战以德国失败告终，哈伯为逃避战犯的罪责在乡下躲避约半年。滑稽的是，他在同年因发明人工固氮法获得了诺贝尔化学奖，他将全部奖金捐献给了慈善组织，以表达内心的愧疚。

15年后，希特勒上台，开始了以消灭"犹太科学"为目的的所谓"雅利安科学"的闹剧。身为犹太人的哈伯被迫离开了他所效忠的德国，流落他乡，1934年在瑞士逝世。二战期间，他所发明的毒气被纳粹用来杀害了约六百万犹太人，其中包括他的一些亲友。

穿着德国军服的哈伯

哈伯的妻子克拉拉·伊梅瓦尔

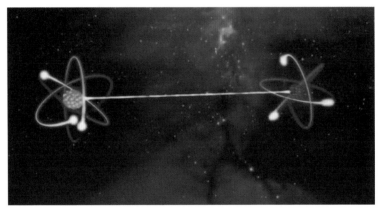

纠缠的粒子

分割的整体来描述。

让我用一对纠缠的光子做例子来解释。如果将一颗光子射向BBO（β相偏硼酸钡）晶体，它会在其中分裂成两颗"孪生光子"（如下图所示）。它们是"纠缠"的：我们不知道它们分别的偏振方向[47]（无法分别描述），但这两个方向总是彼此垂直的（可以作为整体描述）——只要知道其中一个，立即就知道另一个。这就像随机地放在两个麻袋里的一双手套，你不知道哪只左哪只右（无法分别描述），但知道是一左一右（可以作为整体描述）——如果打开其中一个麻袋，发现是左手，立即就知道另一个里面装着右手。

知道了什么是不确定原理和纠缠，我们终于可以理解爱因斯坦是如何攻击玻尔的了。他设计了一个思想实验，让我用简化了

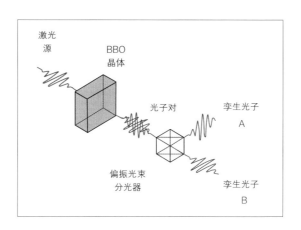

激光源

BBO 晶体

光子对

孪生光子 A

偏振光束分光器

孪生光子 B

的语言进行解释。假想有两个粒子 A 和 B，它们是纠缠的：如果知道了 A 的位置，就必然知道 B 的位置，反之亦然；而它们的动量总是大小相等、方向相反的——知道了 A 的动量，就必然知道 B 的动量，反之亦然。

根据海森伯测不准原理，无法同时知道 A 的位置和动量，但我们可以先测好 A 的位置，然后在不触动或干扰 A 的情况下，通过测量 B 的动量而知道 A 的动量。这样一来，岂不是 A 的位置和动量同时被确定了，测不准原理被打破了吗？要维持它，对 B 的动量的测量应该导致 A 的位置变得不确定，但 A 和 B 可以相距遥远，A 怎么会"知道"B 的动量被测量了，而让自己的位置变得不确定？根据玻尔的量子理论，它们之间必须存在某种"幽灵般的超距作用"！爱因斯坦指出这显然是不可能的，甚至是荒唐可笑的。

约翰·贝尔

　　有个叫约翰·贝尔（John Bell，1928—1990）的年轻科学家坚定地站在爱因斯坦一边，发誓要用实验证明他是对的，结果却帮了个大大的倒忙。

　　贝尔出生于北爱尔兰的一个工人之家，曾在欧洲高能物理中心（CERN）工作。像许多其他科学家一样，他衣着随便，不修边幅，蓄着大胡子，不知是为了省理发的钱还是误以为头发长比较帅，常常一连几个月都不理发。他的本职工作是加速器设计工程，却迷上了与之相去甚远的量子论，只好利用业余时间进行研究。和爱因斯坦一样，他相信"定域实在论"——一个粒子的属性独立于观测而存在，不可能瞬时地被一个远处和它毫无关联的事件影响。

1964 年，也就是爱因斯坦去世后第九年，贝尔提出了"贝尔不等式"（Bell's inequality），使得运用实验验证爱因斯坦和玻尔孰是孰非成为可能，贝尔的小算盘是实验结果会为爱因斯坦的理论提供支撑。17 年后，法国光学研究所由阿莱恩·阿斯派克特（Alain Aspect）领导的团队在巴黎大学的地下实验室里进行了第一个贝尔实验[48]，结果却表明爱因斯坦是错的——确实存在"幽灵般的超距作用"。

后来相继出现了许多形式的贝尔实验，都支持玻尔的理论。在和玻尔的"战争"中，爱因斯坦败下阵来。今天，科学家们已经用光子、电子，中微子、巴基球分子甚至小钻石等做实验证明了量子纠缠的存在，纠缠在通信与计算中的应用是一个非常活跃的研究领域。

纠缠是超时空的。无论相距多远，两颗纠缠的粒子之间都存在着瞬时的"幽灵般的超距作用"。就像延迟选择实验说明时间也许只是幻像一样，量子纠缠说明空间距离也许只是幻像——任何距离不需要时间就可以跨越，意味着世间万物是由某种人类还不理解的方式"连在一起"的。对寻找世界边缘的人来说，这真是天大的喜讯——我们不必再像蚂蚁那样一点一点地丈量空间了。但世界变得更加扑朔迷离，如果时间和空间都是幻像，我们生活在怎样一个世界里啊？

像双缝实验一样，量子纠缠揭示了观察者和观察对象间神秘而深刻的联系。量子纠缠涉及到观察，而观察似乎离不开有意识的主体（必须有"谁"在观察）。物质和意识究竟是什么关系？关于这个问题众说纷纭，莫衷一是。有个理论试图解释物质和意识的关系，叫做"意识导致坍缩"（"consciousness causes collapse"）。

意识导致坍缩

早期提出和倡导该理论的人是维格纳（Eugene Paul Wigner，1902—1995）和诺依曼（John von Neumann，1903—1957），所以它又叫维格纳—诺依曼诠释（von Neumann–Wigner interpretation）[52]，或干脆称诺依曼诠释（von Neumann interpretation）。

他们都出生于匈牙利首都布达佩斯，碰巧是中学同学，两人有时一起放学回家，一路上讨论数学等问题。诺依曼绝顶聪明，虽然比维格纳小一岁，数学却比他超前两个年级。维格纳回忆道："我在我的一生中认识过许许多多聪慧过人者……爱因斯坦也是我的一位好朋友……，但没有一个人的头脑像冯·诺伊曼那样敏锐和快捷，……他的头脑就好像一具理想的仪器，其中的齿轮加工得紧密配合到千分之一英寸以内。"维格纳也非等闲之辈，他在物理方面比诺依曼强。他们长大后，分别追求了自己的事业：维格纳钻研的是物理，获得了诺奖；而诺依曼成了数学家，被誉为"计算机之父"和"博弈论之父"。

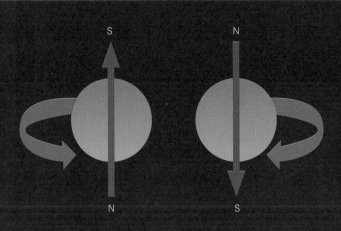

电子自旋

"幽灵般的超距作用"不容易理解，所以我想用另一个纠缠的例子进行解释。你可以举一反三，从而弄清量子纠缠究竟是怎么回事。

设想有一对纠缠的正负电子，权且叫 A 和 B。在开始试验之前，先给你介绍几个基本知识：

（1）在没测量之前，电子在任何方向上的自旋（spin，是电子的一种物理特性）都是随机的。如果在某一个轴上测量，得出的结果有 50% 的可能是"上旋"，50% 的可能是"下旋"。

（2）如果测量某一个轴上的自旋方向，该轴上的自旋方向就被"固定"住。为方便描述，我们将两个彼此垂直的方向（例如水平和竖直）叫做 X 轴和 Y 轴。例如，测量 A 的 X 轴，发现是"上旋"的，那么以后再测 A 的 X 轴就总会得到"上旋"的结果，不再是 50/50 的概率，让我们简单粗暴地说 A 的 X 轴被"固定"住了。

（3）因为 A 和 B 是纠缠的，在任何一个轴上，它们的自旋方向总是相反的。例如，A 的 X 轴"上旋"，B 的 X 轴就"下旋"，所以如果 A 的 X 轴被"固定"了，B 的 X 轴也会同时被"固定"。

（4）根据海森伯的测不准原理，电子在彼此垂直的方向上的自旋方向无法同时被知道[49]，所以，一个电子的 X 和 Y 轴不可能同时被"固定"。

科学家通过测量，"固定"住 A 在 X 轴上的自旋方向，B 在 X 轴上的自旋方向会同时被"固定"[50, 51]。继而，通过测量"固定"住 B 在 Y 轴上的自旋方向，相应地，A 的 Y 轴也被"固定"住了。

但根据海森伯的测不准原理，A 在 X 和 Y 轴上的自旋方向无法同时被"固定"，这意味着 A 在 X 轴的自旋会在 B 的 Y 轴被测的瞬间变得不"固定"，这也正是实验的结果。但如果 A 和 B 相距很远且毫无联系，A 怎么可能"知道"B 的 Y 轴被测量了而立即让自己的 X 轴变得不"固定"？这就叫做"幽灵般的超距作用"。

维格纳　　　　　　　　　　诺依曼

维格纳—诺依曼诠释认为：物质世界由基本粒子组成，在没被观察时都是概率波，概率波无法把自己坍缩成粒子态，必须要意识的观察才能实现。例如，在某个实验中（如下图所示），承载着实验结果的光信号从测量仪器传进实验员的眼球，在视网膜变成神经电脉冲，传进他的大脑，他的意识中出现了实验结果。

从概率波到粒子的坍缩发生在何处？是测量仪器？眼球？视神经？还是大脑？都不是，因为这些东西都是由基本粒子组成的，它们本身还需要被观察才能从概率波坍缩成粒子态。

维格纳—诺依曼诠释认为，"观察"发生在物质和意识的"交界处"，是意识的观察导致了概率波的"坍缩"。实验的信息到达意识之前所经历的路径是实验的一部分，是由量子力学主宰的，

只有意识是在量子力学的疆域之外。如果把世界当成一个"大实验",意识就是它唯一的观察者。

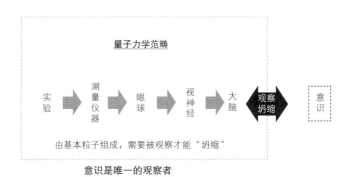

意识是唯一的观察者

　　这理论的惊人之处是将实验员的身体,包括大脑,都归成了实验的一部分。倘若如此,是谁在做实验啊?该诠释的回答是:实验员的意识在做实验,意识在物质世界之外,是唯一的观察者。

　　无独有偶,薛定谔也认为意识在物质世界之外:"物质和能量在结构上由微粒组成,生命也一样,但意识却不同。"[53] "我们不属于科学为我们所建造的这个物质世界。我们不在里面,而在外面，我们只是观察者。我们之所以相信自己在其中，属于这个画面，是因为我们的身体在画面中。我们的身体属于它（指物质世界）。"[53]

如果接受意识是观察者，就能把前面那张图简化，得到下面这张图：

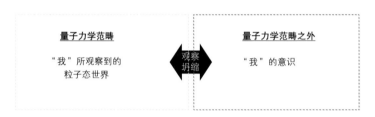

"我"的观察导致了"我"所观察到的世界

"意识镜面"与"数字的烟"

如果意识导致坍缩，世界就和我们从前所认为的大不相同：在没人观察时，世界是一大团"数字的烟"（概率波或可能性），它是虚无缥缈、变幻莫测的。意识就像一面镜子，我们所观察和经历的粒子态世界，就像镜面中所映射出的"烟"的影子；所谓坍缩，是指这一映射的过程。我们所熟知的所谓"现实"，虽然感觉是确实、固定的，却不过是一个影像，依赖于镜面（"我"的意识）的映射。

薛定谔得出了类似的结论，他把意识比作一幅画面，而不是镜子，但效果是一样的："为什么在我们描绘的科学世界的图

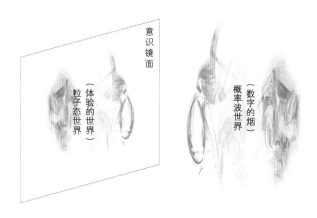

"我"所体验的世界是概率波世界在意识中的影像

画中任何部分都找不到感觉、知觉、思考的自我？……因为它就是那幅画面本身。它与整个画面相同，因此无法作为部分被包括进去。"[53]

每个人的意识都是一面独立的"明镜"（人们并没共享着同一个意识），因为人与人之间的相对速度（相对于光速来说）总是很小，所以映射出的"数字的烟"的影像非常相似，以至于我们以为经历着同一个现实。但这"数字的烟"并不唯一或实在，我们只是各自在一大堆可能性里取了一个来体验。

这个模型从根本上解释了世界的物心二相性[37]。粒子态世界是一堆可能性在"意识镜面"中的影像，从这个意义上说，世界是唯心的；同时，概率波是一种客观存在，而且遵循着严格的数学规律，从这个意义上说，世界又是唯物的。

竟然有两个世界，一个在"意识镜面"中，一个在"意识镜面"外？这思想太新颖了吧！它不仅不新颖，而且很古老。古今中外，有许多伟大的哲人和思想家得出过相同的结论，只是他们表达的方式不同罢了。

让我从古印度人的信仰说起。

两个世界

古印度人信仰婆罗门教，后来发展为印度教。今天印度教徒有约 11 亿之众，是佛教徒的两倍多。他们认为，世界有两个，一个看不见，叫做"梵"；另一个看得见，叫做"幻"。"梵"是一个无所不在、无所不包、无法直接感知的实在，而"幻"是"梵"所产生的幻像[54]。正如《伊莎奥义书》[55]（大约公元前 600 年—前 300 年）开篇所写："不可见的梵是无限的，可见的宇宙也是无限的，无限的宇宙出自无限的梵。""幻"就是可见的宇宙，它让人想到爱因斯坦的名言："现实只是一种幻觉，虽然是一种非常持久的幻觉。"

古印度人的信仰和量子力学的发现是一致的："梵"相当于"数字的烟"（概率波或可能性），而"幻"相当于"意识镜面"

意识导致时间和空间？

延迟选择实验似乎说明时间是个幻像；量子纠缠似乎说明空间也是个幻像，但我们分明能感到时空的存在，这是怎么回事？

就拿时间来说吧，它看不见摸不着（钟表只是用以代表时间的物体，并非时间本身），如何知道它究竟存不存在？科学家们一直没能找到它存在的客观证据，反而惊奇地发现，所有物理定律都不依赖于时间的方向性，也就是说，即使时间是倒流的，它们仍然成立。

"意识镜面和数字的烟"的模型也许能解释。人类之所以认为时间在从过去流向未来，也许是因为意识在按一定顺序"读世界"。世界（"数字的烟"）只是一堆可能性，本身是没有时间和空间的。它就像一本散了架的书，所有的页面都胡乱地散落着，并没有什么顺序。每一页的右下角有个页码，代表着那一页的混乱程度（物理中对应的量叫做"熵"）。"我"的意识总是从页码低的向高的读（也就是向越来越混乱，即"熵增"的方向），于是把这些页的内容串成了一个故事。

我们也可以把时间和空间想象成"意识镜面"的长和宽两个维度，"数字的烟"本身没有时空，但当它被映入镜面，镜中的影像就有了时空。

一块巨石凿出的印度教神庙（光子摄）（埃洛拉石窟（Ellora Caves）中的一座庙，位于印度中部马哈拉施特拉邦（Maharashtra）的重镇奥兰加巴德（Aurangabad），建于公元7—11世纪。整座庙宇，包括所有的建筑、石柱、雕塑等，都是从一块巨大的石山中雕凿出来的。）

中的影像（粒子态）！

　　根据8世纪吠檀多[56]哲学大师商羯罗提出的"无分别不二论"，"我"和"幻"源于"梵"，又将归于"梵"、同一于"梵"，所以"梵"与"幻""不二"（没有差别），只是同一个世界的两面。

类似的，量子力学也认为波和粒子是物质的双重性质，是同一、不可分割的。

和古印度哲学一样，佛教中也有一对貌似对立、实则统一的理念："空"和"色"。佛教认为"色即是空，空即是色"[57]——貌似实在的大千世界（"色"），是一大堆飘忽不定、瞬间即逝的"空"。此处的"空"有两层相关但不尽相同的意思：一层是说，一切事物和现象都是运动变化、瞬间即逝的；另一层是说，它们是因缘和合而生，是假而不实的。佛教和量子力学、印度教异曲同工："空"是"数字的烟"，而"色"则是"意识镜面"中的影像。

道家也用成对的词汇描述世界的两面："无"和"有"、"阴"和"阳"、"道"和"物"，它们犹如计算机语言中的"0"和"1"，是依赖于对立而存在的（"有无相生"；"万物负阴而抱阳"[5]）。就像"幻"来源于"梵"一样，"物"来源于"道"（"道生一，一生二，二生三，三生万物"；道"为天地母"[5]），而"有生于无"[5]。不难看出，此处"道"和"无"是"数字的烟"；而"物"和"有"则是"意识镜面"中的影像。

某些西方哲学家也有类似的思想。如古希腊唯物主义哲学家阿那克西曼德（Anaximander，约

"梵"与"幻"的阴阳

"空"与"色"的阴阳

道与物、无与有的阴阳

阿那克西曼德

"阿派朗"
（概率波）

万物
（粒子态）

"阿派朗"与万物的阴阳

前 610—前 545 年）认为，万物的本源不是具有固定性质的东西，而是"阿派朗"（apeiron），它在运动中分裂出冷和热、干和湿等对立面，从而产生万物，世界从它产生，又复归于它。他说："万物所由之而生的东西，万物毁灭后复归于它。"显然，"阿派朗"等同于"数字的烟"，而"万物"则等同于"意识镜面"中的影像。

古希腊哲学家、爱利亚派的实际创始人和主要代表巴门尼德（Parmenides，约公元前 515 年—前 5 世纪中叶以后）没有用拗口的"阿派朗"这个词，但理念是一样的。[58] 他认为世界上唯一存在的只有"一"，这个"一"是普遍的和永恒的；所有能看到的东西（可见世界）都只是人的信念，是由于感官的欺骗，所以都是幻像。显然，他所说的"一"是"数字的烟"；而"可见世界"则是"意识镜面"中的影像。

古希腊哲学家、客观唯心主义的创始人柏拉图（Plato，公元前 427 年—前 347 年）也认为，世界由"理念世界"和"现象世界"组成。"理念世界"真实存在、永恒不变；而人类感官所体验到的现实只不过是它的模糊反映，是一堆"现象"，所以叫做"现象世界"。它们是同一个世界的两个"层次"，共同存在。此处的"理念世

巴门尼德　　　　　　　　　　柏拉图

"一"与可见世界的阴阳　　　　理念世界与现象世界的阴阳

界"是"数字的烟"；而"现象世界"则是"意识镜面"中的影像。

现代物理和古代宗教、哲学殊途同归，下表是一个总结。

现代物理和古代宗教、哲学有着类似的理念

思想派别	世界的两面		辩证统一关系
量子物理	粒子	波	波粒二象性
婆罗门教和印度教	幻	梵	不二论
佛教	色	空	色即是空，空即是色
道家	有、物	无、道	有无相生；道之为物，惟恍惟惚
阿那克西曼德	万物	阿派朗	万物从阿派朗中产生，又复归于它
巴门尼德	可见世界	一	一元论
柏拉图	现象世界	理念世界	是同一个世界的两个"层次"
光子	意识镜面中的影像	数字的烟	数字的烟映射在意识镜面中形成了影像

概率波、"梵"、"空"、"道"、"阿派朗"、"一"和"理念世界"统统是指"数字的烟",它无处不在:概率波分布于所有的空间;"梵"是无边无际的;"道"是"其大无外,其小无内";"阿派朗"又称 boundless,即没有限定、无固定界限;"一"也是无处不在,无时不有的(空间中不可能有任何位置,时间中不可能有任何时刻使"一"不存在[59])。

"数字的烟"是没有具体形状的:概率波是物质没被观察时的状态,所以是无形无踪的;"梵"也无形无象;"道"更是"大道无形"、"寂兮寥兮"、"惟恍惟惚"[5];"阿派朗"没有固定的形式和性质;"一"亦无具体形象;"理念世界"无法凭感官直接感知,当然也就无形无状。

粒子态、"幻"、"色"、"物"、"万物"、"可见世界"和"现象世界"都是指"意识镜面"中的影像,能被看见摸着。它们的类似性也显而易见:粒子态是概率波坍缩的结果,"幻"是"梵"的显现,"物"生于"道","万物"来自"阿派朗","现象世界"是"理念世界"的微弱反映。

科学、宗教和哲学,抵达了同一个结论:世界有看得见的一面,也有看不见的一面。它既是"数字的烟"又是"意识镜面"中的影像,既是"波"又是"粒子",既是"梵"又是"幻",既是"色"又是"空",既是"道"又是"物",既是"阿派朗"又是"万物",既是"理念世界"又是"现象世界"。这些成对的概念描述了世界相互对立而又互补互依的两面。

为了彻底解释清楚，让我用彩虹打个比方。彩虹是空气中的细小水珠将阳光反射到人眼里所形成的影像，只要空中有一团雾气，而且人和阳光在特定的角度上，就会出现彩虹。它只是个幻像——空中并没有一条七彩的带子，如果没有人眼从特定的角度接受水珠反射来的光，就不会出现彩虹。

雾气就是"数字的烟"（或概率波、"梵"、"空"、"道"、"阿派朗"、"一"和"理念世界"）；而彩虹就是"意识镜面"中的影像（或粒子、"幻"、"色"、"物"、"可见世界"和"现象世界"）。粒子态世界是因为我们的观察而看到的幻像，它背后有一个我们无法直接体验的概率波世界。

为什么现代科学和古代宗教、哲学有类似性？难道古人得到了神或外星人的指点，在没有现代科技的情况下就知道了量子力学所发现的真相？我不这么认为。更可能的，是因为宇宙的"核心架构"在所有的事物中都体现出来了，古人从容易观察到的现象就能举一反三，发现普适的真理。

例如，雾气结成露珠、乌云凝成雨滴可能让他们悟到有形的"物"是从无形的"道"中来的；月亮的圆缺、季节的交替可能让他们悟出阴极生阳、阳极生阴，物极必反的道理。我们今天要做的，是像古人那样，不被博大、纷杂的宇宙所吓倒，拨开现象的迷雾，看到它的"核心架构"。

新"万物皆数"

"梵"是"数字的烟",就是说这个无所不在、无所不包的终极存在是一堆数字,这不就是"万物皆数"吗?科学走过了一个巨大的圆圈,回到了毕达哥拉斯的理论。

对什么是"现实"做了几十年研究的惠勒也悟到了这一点,创造了"万物皆数"的现代版,叫做"万物源于比特"[60]("It from bit")。他认为,世界源于信息,是信息的表达;物理世界中的物质都有非物质的根源和解释。"换句话说,任何东西——每个粒子、每个力场甚至时空连续体本身,其功能、其意义、其存在,全都是从测量装置对"是/否"问题、二元选择、比特所给出的答案中产生出来的——即使在某些情况下是间接产生的。"

后来的量子物理学家们对这想法进行了深化,认为"万物源于量子比特":空间是量子比特的"海洋",基本粒子是量子比特的"波动涡旋",基本粒子的性质和规律起源于"量子比特海"中量子比特的组织结构(即量子比特的序)。

戈壁滩上的彩虹(光子摄)

上面这些理论看似完美、一致,但有个巨大的问题,就像万里晴空中的一朵乌云:"我"的意识是什么?如果它是大脑中神经电现象的总和,岂不应该是物质世界的一部分?"我"存在吗?在"我"的身体之外,是否有个单独的"我"?

第五章

"我"的边缘

这是一对互动的星系（称为 Arp273），位于 3
亿光年之外的仙女座。较大的螺旋星系（UGC
1810）因较小的伴星系（UGC 1813）的引力
作用被扭曲成玫瑰状。较小的星系很可能曾经
穿过较大的星系。

> 主体和客体是同一个世界。它们的屏障并没有因物理学
> 近来的实验发现而坍塌，因为这个屏障实际上根本不存在。

——薛定谔

　　世界这座"迷宫"比我们出发时所以为的要复杂得多，时间和空间可能都是幻像。从古至今，从东方到西方，无数智者哲人用各种词汇反反复复描述了两个世界：一个是虚无缥缈的可能性，却是永恒的；另一个是庞大确定的实体，却是个影像。

　　为世界的边缘，我们找来找去，却突然站在一个近得不能再近、却又神秘得无法描述的东西面前："我"的意识。我们把它比喻成"镜面"，但它真的存在吗？它究竟是什么？

　　让我们勇敢前行，直面这个世界的终极秘密。

前世今生

　　一个妙龄女郎躺在皮沙发上。她长得很迷人，中等长度的金发，淡褐色的眼睛，身材很棒，怪不得能在业余兼做泳装模

魏斯医生

特儿赚外快。她的神情很怪异，眼睛半睁半闭，眼球向上翻；声音更是古怪，因为那并非女人的声音，而是个 20 出头的男子的声音。

"我们可能迷路了，天色很黑，没有光亮……"她压低了声音，像是在说悄悄话，浑身瑟瑟发抖，"我们的人在杀对方的人，但我没有。我不想杀人。"她声音里充满了惊恐，右手握成一个空心拳头，仿佛握着一把刀。

突然，她呼吸急促，胸部向上绷直，挣扎着，仿佛被一只无形的胳膊从后面勒住了脖子。她的喉咙咯咯作响，像是被刀划破了，脸痛苦地扭曲着。半晌，她的表情松弛了。"我死了，浮在空中，在身体之上，能看到下面的场景……我漂浮到云端，这是哪儿啊？"

这个女人叫凯瑟琳，是一家医院的化验员。她因为焦虑症，正在接受心理医生魏斯（Brian L. Weiss）的催眠治疗。魏斯半张着嘴，圆睁着眼睛，快速地记录着，不放过每一个字。

催眠是一种催眠师用语言就能让被催眠者体验不同"现实"的神奇现象。催眠方法有多种，其中之一叫做"年龄倒退"（age regression）。催眠师会用虚幻而轻柔的声音这样说："放松……注意看摆动的怀表……你感到很轻很轻，很轻很轻……我会从 5 数到 1，当我打一下响指，你会回到六个月大的时候……"被催眠的成年人竟然显出婴儿的体态和表情，当催眠师说"你很饿！"她就吮着手指哇哇地大哭起来。

魏斯原本只想用"年龄倒退"让凯瑟琳回到童年，以发现和消除她儿时的心灵阴影，一不小心，竟然把她催眠到了出生之前（即所谓轮回中的"前世"）。在她刚才"经历"的这一世中，凯瑟琳自称是个男性士兵，在一次偷袭中被敌兵杀死了。

魏斯本是最不该相信前世和轮回之类"奇谈怪论"的那类人，因为他受过最正统的科学和医学训练。他是哥伦比亚大学本科，耶鲁大学医学博士，曾任耶鲁大学精神科主治医师、迈阿密大学精神药物研究部主任、西奈山医学中心精神科主任，并在迈

佛教中的六道轮回（来自藏传唐卡）

第五章 "我"的边缘

阿密行医。他专攻精神医学及药物滥用，曾发表 37 篇科学论文与专文。

初次听到凯瑟琳在催眠状态中描述"前世"时，魏斯既惊讶又疑惑，本能地不相信，却无法做出科学的解释。于是，他记录下治疗的全过程，4 年后整理成《前世今生》（*Many Lives, Many Masters*）一书。30 多年来，该书一直畅销。

从严格的科学角度来说，这本书并不能证明轮回的存在，因为魏斯可能撒谎，凯瑟琳可能撒谎，即使都没有，她所描述的还是可能并非"真实"的前世，而是幻觉或梦境。但无论轮回存不存在，催眠现象至少说明，有可能用语言改变人对环境的感知；在语言诱导下，人甚至能感受根本不存在的物理环境。

这很蹊跷，感知怎么能在语言的诱导下乱变？感知可信吗？不管你承不承认，都无法"跳出"自己的感知——你唯一知道的就是感知的环境，无法确实知道什么是感知之外"真正的"环境。

生下来就被关在黑屋子里的人

当今流行的科学认为，意识是大脑中约 1 400 亿个神经细胞间神经电活动的总和。大脑处在完全封闭的颅骨腔中，里面漆黑一团，脑细胞根据从外界传进来的神经电讯号，"构建"出一个有声有色的三维世界。这就像一个人一生下来就被关在一间黑屋子里，从屋外传来"滴滴嘟嘟"的电报声，他通过这些声

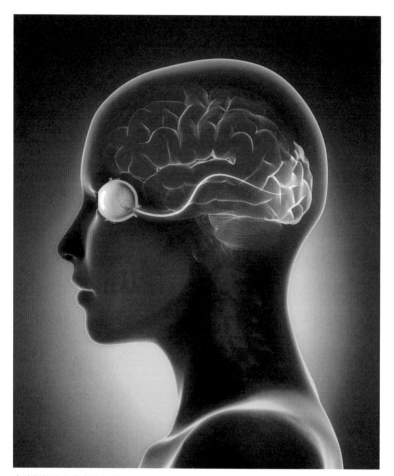

大脑根据外界传来的电信号理解世界

音的高低、顺序推测屋外的画面，但他从未直接"看到"过屋外的情况。屋外确实可能全是概率波，他却幻想出了粒子态的图景。

常人以为外界传来的信息是准确可靠的，意识"读取"这些信息时是客观无误的。但事实并非如此，下面是个简单的例子：

　　你能看见上图正中黑色的倒三角形吗？绝大多数人都能看见，但它并不存在，而是大脑在没有外来信号的情况下，根据"应该"的情况，擅自"生成"的。

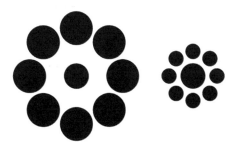

　　上图是另一个例子。左右各有一个被八个圆盘围在中心的圆盘，它们哪个大？

　　诚实的读者会说右边的大，但聪明（而不太诚实）的读者会因为上下文而回答"左边大"或"一样大"。它们的确一样大（见下图），但问题是，即使你已经知道这一点，视觉的感受却仍是右边大（请看着上图，给自己一个诚实的回答）。

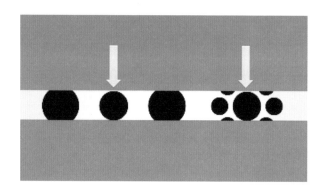

这两个简单的例子说明，人的感受并非物理世界的准确反映。你也许以为这样的"误差"情有可原、无伤大雅，脑海就像一台电视，即使屏幕有点偏色，还是会把外界传进来的环境信息近似地显示出来。但催眠却说明，人的感受可以和外界传来的信息一点关系都没有。你甚至不需要被催眠也能有和物理世界毫无关联的体验，那就是做梦。在梦中，你以为环境是真实的，其实是大脑"合成"的。

世界是"假的"（虚拟的，梦境）吗？历朝历代，不同国度和文化的人们都问过类似的问题。印度教认为，宇宙不过是毗湿奴的一个梦，我们生活在这梦里，只要他醒来，世界就会消失。佛教也认为"凡有所相，皆是虚妄"。到了现代，人类的猜疑有了新的版本，电影《黑客帝国》（*Matrix*）塑造了一个机器创造的虚

梵天的诞生

电影《黑客帝国》

世界边缘的秘密

拟世界 matrix，人在里面生活，和一般的现实并无二致。

　　和古人一样，我们坠入了虚幻的迷雾，仿佛什么都不可靠，都可以是假的。世上究竟有没有什么是真实可靠地存在着呢？早在三百多年前，就有一个雇佣兵喜欢在被窝里思考这个问题，他只有三个字的回答（Cogito，ergo sum！）影响了整个西方哲学的进程。

在被窝里思考的雇佣兵

　　快到中午了，冬日的阳光从窗帘的缝隙中射进来，外面传来孩子们在雪地上玩耍的声音。被窝软绵绵的，很暖和，23 岁的士兵躺在里面，把双手枕在脑后，盯着天花板，发呆。近来没有战事，对军人来说，是个自然而然的假期。许多人投身战争是因为爱国，这位法国出生的小伙子却一天都没为祖国征战过。作为一名雇佣兵，他先后为荷兰人、德国人和匈牙利人打仗。

　　许多士兵出生贫苦，身体强壮，他两者都不是。他出生贵族，从小体弱多病，八岁时在欧洲著名的贵族学校——位于拉夫赖士（La Flèche）的耶稣会皇家大亨利学院学习。校方为照顾他孱弱的身体，特许他早晨不必上课，可以在床上读书，他因此养成了赖床的习惯。床上既舒适又安静，是思考的好地方，所以他的脑子在床上转得特别快。

　　他对学校所学的内容很失望，认为多是些模棱两可、自相矛盾的糟粕，他怀疑其中许多是错误的，惟一给他安慰的是数学。

20 岁时，他像哈勃那样遵从父亲的愿望，进入普瓦捷大学学习法律与医学。毕业后，他不知选什么职业好，想游历欧洲各地，寻求"世界这本大书"中的智慧。他认为当雇佣兵是免费周游世界的最好方法，于是 22 岁在荷兰入伍。

他微闭上眼睛，但从眼皮下来回快速游走的眼珠可以看出，他正在激烈地思考。他刚做了三个梦，它们是如此逼真，醒之前还以为是现实。他脑子里盘旋着一个问题：如何肯定周围的世界不是一个逼真的梦？亦或是一个恶魔使了光与影的幻术让自己信以为真？

他开始一项项审视周围的东西：天花板可以是幻术，被窝可以是幻术，甚至连自己的身体都可以是幻术……世上有什么东西不可能是幻术，不管有没有恶魔，都一定存在？他想得头都痛起来，眼睛半睁半合，似乎要昏昏睡去。突然，有个想法像闪电般照亮了他的脑海：我可以怀疑一切，但无法否认"我在怀疑"这个事实。既然如此，"我"一定得存在！否则是谁在怀疑呢？我思，故我在！在拉丁语中，这句话就是：Cogito，ergo sum！

这位雇佣兵就是笛卡尔（Rene Descartes，1596—1650）。他靠从军来周游世界听上去有点奇葩，但不失为明智之举。他也就干了三年，而且没受什么伤（也许甚至没遇上什么实质性的危险），却大开了眼界，实现了人生的升华。其间他如饥似渴地"收集各种知识"，"随处对遇见的种种事物注意思考"。

1618 年，刚入伍的笛卡尔随军驻扎在荷兰南部城市布雷达（Breda）。在一个广场上，他看到一则告示在征集一个数学问题

RENE DES CARTES Seigneur de Perron naquit
l'An 1596 Et mourut l'An 1652 en Suede, la Royne
l'ayant faict uenir auprés d'elle a cause de son
excellent Scauoir dans les Sciences.

Maucornet ex.

笛卡尔

的答案，可惜用的是荷兰语，他看不懂，于是请求身旁的人翻译
成法语[61]。这位陌生人叫以撒·贝克曼（Isaac Beeckman，1588—
1637），比他大八岁，在数学和物理学方面造诣颇高，很快成了他
的导师。贝克曼点燃了笛卡尔对科学的浓厚兴趣，他提出的一些
问题导致笛卡尔写出了《音乐纲要》（*The Compendium Musicae*），
笛卡尔因此称他为"将我从冷漠中唤醒的人"（可惜日后两人因
贝克曼是否在笛卡尔的一些数学发现中做出了贡献而发生了争执，

至死关系都很差）。

对教条和权威的怀疑以及对世界的好奇，让笛卡尔达到了前人未能达到的高度。他将几何和代数相结合，创造了解析几何，被誉为"近代科学的始祖"；他的哲学思想自成体系，开拓了"欧陆理性主义"哲学，被黑格尔誉为"近代哲学之父"。

他没在战争中丧生，却死于早起。53 岁时，他成了瑞典女王克里斯蒂娜的哲学老师。北欧天气寒冷，女王习惯在清晨五点听课，笛卡尔被迫早起，如此两个月后，感染肺炎，10 天后与世长辞。

忒修斯之船

笛卡尔证明了"我"的存在，但却回答不了"我"是什么。他是典型的"二元论"者，认为物质和精神是两种不同的实体，物质的本质在于广延（占有空间），精神的本质在于思想；物质不能思想，精神没有广延。二者彼此独立，不能由一个决定或派生另一个。用白话翻译就是：人是臭皮囊中装着个灵魂，肉体和灵魂是两回事。

很多人不同意这观点，在他们看来，"我"就是"我的身体"，除了一堆细胞以外，并没有一个单另的"我"——只有皮囊，没有灵魂。

从纯生物学角度看，你是你的身体吗？答案是否定的。你大约 30% 的重量根本不是你，而是细菌、病毒、寄生虫等寄生生物，

寄生在人体中的微生物

它们的数量是你细胞数量的大约 10 倍。假如"刨去"这些寄生生物，你总该等于你的身体了吧？答案仍然是否定的，因为无法彻底分清什么是你本身，什么是外来的生物。

例如，我们不知道占你基因组三分之一以上的"转座子"（transposon）应不应该算你的一部分。每个人细胞都有一个 DNA 组成的基因组，它像一本记载着遗传密码的书，有 30 多亿个"字符"那么长。但整本书用于编码你身体元件的部分仅占约 2.5%，书中有数百万个不知所云的"自然段"，是些叫做"转座子"的奇特序列。它们显然不是"原书"的一部分，而是外来的"寄生序列"。它们的行为很像病毒，能自我复制，还能从书的一处"跳到"另一处。它们的数量比用于编码你的部分多出 10 余倍，处在每个细胞的最核心（DNA）中，要把它们"刨去"是不可能的。

你体内还有另一种"潜伏"得很深的外来生物，叫做线粒体[62]，是细胞中不可或缺的能量来源。细胞像一个微型的"小泡泡"，线粒体如一粒粒微尘漂浮在里面。它们有着极其复杂的结构，像一台台精密的超微型发电机，甚至携带着独立的基因组。线粒体是在进化过程中被细胞吞噬的细菌，它们"寄居"在你的细胞中，已成为你身体不可分割的一部分。

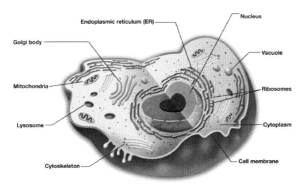

Diagram of an Animal Cell

Endoplasmic reticulum (ER)
Nucleus
Golgi body
Vacuole
Mitochondria
Ribosomes
Lysosome
Cytoplasm
Cytoskeleton
Cell membrane

细胞构造示意图

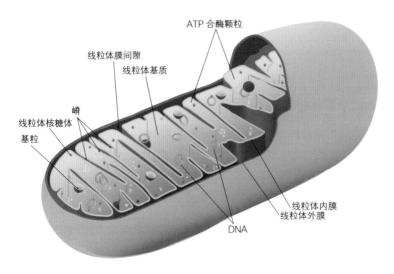

线粒体结构示意图

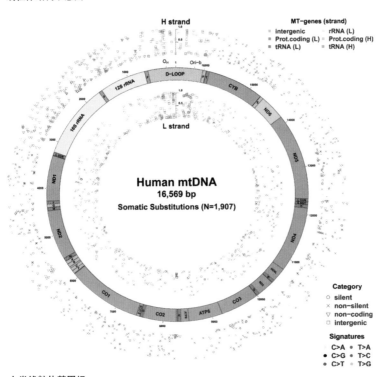

人类线粒体基因组

也许我们可以不管 DNA 或线粒体之类的结构，把你笼统地定义成你身上原子的总和？还是行不通，因为你并不是一个由某些固定的原子组成的"东西"。人体就像一条奔腾的瀑布，在快速而恒久地吐故纳新，没有一刻是固定的。它新陈代谢的速度是惊人的[63]：72% 是水，平均每 16 天就要全部换成"新"的。平均下来，消化道的表面细胞每 5 分钟，胃肠的内壁每 4 天，牙龈每 2 周，皮肤每 4 周，肝脏每 6 周，血管内壁和心脏每 6 个月就要更换一次。大约一年内，你身体中的绝大多数原子都会被替换，历史上成千上万的人曾拥有过你现在体内的原子，所以你是无法用具体、固定的原子来定义的。

这让人想到一个叫做忒修斯之船（The Ship of Theseus）的古老哲学问题[64]：一条木船被不断维修，如果一块木板腐烂了，就会被一块新的替换。若干年后，船上所有的木板都不是最开始的那些了，这条船是否还是原来那条？合理的回答是"在人们心中"还是原来那条。"心中的船"并非某些具体的木板，而是人们脑海中的一个概念。此处"人们"这些观察者很重要，假如没有观察者，"船"这个概念就不存在，"船"就只是些木板。

你的身体和忒修斯之船一样，虽然在快速地"更换部件"，你在人们（包括你自己）心中仍然是同一个人。假如世上只剩你一个人，在你心里，"我"这个概念并不随新陈代谢而改变。此时你的意识是你的身体的观察者，这意味着，你的意识必须有别于你的身体而存在。

闪烁的灯泡

许多人同意人不等于他的身体，但认为意识只是脑神经电现象的"总和"，并不存在独立于大脑之外的"意识"这个东西。在他们看来，大脑中的神经细胞就像一个平板上的许多灯泡在闪烁，如果这些闪烁复杂到一定程度，就会形成某种"图案"，这就是意识。"灯泡"有电就亮，没电就不亮，完全被动地遵循规律而闪烁——"图案"只是个副产物，"我"只是个幻觉，自主意志不存在。

这就像说，数学是纸上所写的数字的总和，并不存在独立于纸的数学。但我们知道，数学和纸完全是两个不同"层面"或"维度"的东西，无法相提并论。这思想源于意识产生于大脑这个常识——大脑损坏了，意识也就没法进行了。但这"常识"从来没被证实过，而且有时大脑损坏了，意识似乎还可以照常进行。

英国神经学家洛伯（John Lorber）发现的"无脑人"就是个例子。这是个患有严重脑积水的年轻人[65]，他颅腔的95%都被脑脊液所充满，脑组织大部分缺失，仅剩的一点仅重约100克，是正常人的约1/15。这样一个人，别说意识了，就连活着都够呛吧？但他很健康，智力健全，有大学数学学位，而且IQ高达126。

有人会说，"无脑人"并非完全无脑啊，也许他剩下的那1/15的大脑效率特别高，完成了一般大脑的功能？这不是不可能，那就让我们换个角度进行分析。如果意识仅仅是神经电现象的"副产物"，它理应是机械的、被动的，而不应该反过来对大脑的功能

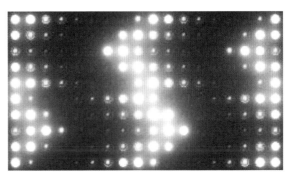

电灯泡组成的平板

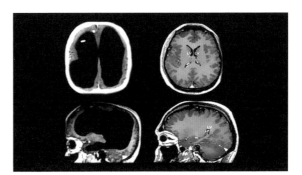

脑积水病人的颅腔（左）和正常人的颅腔（右）对照

和结构产生影响，这就像灯泡完全遵循物理法则亮和灭，闪烁的图案对灯泡本身不应该有影响，但却有证据表明恰恰相反[66]。

　　例如，冥想能导致大脑功能的永久性变化。有人用功能性磁共振成像（fMRI）对冥想者进行了 21 个神经影像学研究，发现冥想改变了 8 个脑区[67]。冥想者大脑中灰质区域和白质中神经通路的密度增加，左脑半球比右脑半球发生了更多的结构性变化。和常人相比，禅宗冥想者的脑干灰质随衰老减少的速度较慢[68]。长期冥

冥想

想者能耐受更高的疼痛 [69]，因为冥想能改变负责感觉躯体的大脑皮层的功能和结构，并且更强地阻断与感觉疼痛相关的不同脑区间的联系 [70]。

另一个意念能改变大脑的结构和功能的例子是所谓的"安慰剂效应"，用大白话说就是假药也能治病。"安慰剂"是在研发新药的临床试验中为了测量心理作用而给病人吃的"假药"，它们看上去和真药没有差别，但成分是毫无药效的代用品。诡异的是，有些吃安慰剂的受试者以为吃的是真药，病竟然好了。

研究表明，以为在吃真药的意念可以改善患者大脑的功能。科学家给抑郁症患者服用了安慰剂，但告诉他们是抗抑郁的药，结果发现他们大脑的某些区域的活动分布发生了永久性变化 [71]。和吃真药一样，这些患者大脑中一些神经功能得到了改善。另一个实验发现，在帕金森病患者中，吃安慰剂的患者的身体和大脑发

催眠人桥秀
（被催眠者被告知自己是
一块木板，竟然身体变得
僵硬，能承住巨石和铁锤
的打击。）

生了显著改变。安慰剂效应导致了内啡肽样物质的释放，对一些脑中枢神经有良好的影响，使前额叶皮层的活动增加。脑的某些部位释放出更多的多巴胺，从而显著地降低了肌肉僵硬[72, 73]。

　　意念不仅可以改变大脑，也可以改变身体，"心理暗示"就是个例子。在二战期间，纳粹在一个战俘身上做了一个残酷的实验：他们将他四肢捆绑，蒙上双眼，并搬动器械，说将抽他的血。战俘听得到血滴进器皿的嗒嗒声，但什么也看不见。第二天，他们发现战俘已经气绝身亡了。其实，纳粹并没有抽他的血，嗒嗒声是模拟的自来水声[74]。

　　有一类叫做"心理烫伤实验"的催眠实验也产生了难以置信的结果。一位叫索尔森（Thorsen）的研究者用一支钢笔触到被催眠者的手臂，但告诉他这是一把烧热的刺刀，很快，一个水疱（就像二度烧伤所产生的）在笔尖接触的区域出现了[75]。在另一个实验

拉曼尔

中，索尔森告诉被催眠者字母"A"正被用力压在她的手臂上，该处竟然真的出现了"A"形状的红色。

这些现象虽然说明意识并非神经电现象简单的"总和"或"副产物"，却都没直接证明意识可以脱离大脑而独立存在。人类确实遇到过一些"直接证据"，说明大脑完全丧失了功能的时候意识仍然存在，这些证据来自医院的急救室。

自费研究死亡的医生

让我们回到书的开头，前言中那家荷兰医院。

拉曼尔救活那位病人后，并没往深里想，他照常规完成了实习，成了一名心脏病专科医师。17年后，他读到乔治·里奇（George Ritchie）写的书《从明天返回》（*Return from Tomorrow*[76]），

濒死体验

才又记起那天晚上发生的离奇事件。

　　作者里奇在医学院当学生时患了肺炎，当时抗生素尚未广泛使用，长时间的高烧后，他停止了呼吸，没有了脉搏，一名医生宣布了他的死亡。但有一名男护士不知为何感到心里极不舒服，他说服医生在里奇的心脏附近注射了一针肾上腺素（这在当时是很不寻常的治疗方法），里奇竟然奇迹般地复活了！更匪夷所思的是，他在"死"的大约 9 分钟里有很清晰的意识，能回忆出许多细节，这种奇异现象被称为濒死体验（Near Death Experience，简称 NDE）。

　　这本书唤起了拉曼尔的好奇，难道 NDE 真的存在？他开始关注此事，并惊奇地发现，在他所遇到的 50 多名心脏骤停后"死而复生"的病人中，12 个有 NDE。但根据正统的医学知识，当一个人的心脏停止跳动、大脑机能丧失时，不可能体验到意识。他想用严谨的科学方法把这现象弄个水落石出，但没人愿意资助他，因为这既不是"正宗"的科学，又没有什么实际的用途。于是他自己掏钱，一研究就是十年。

他和同事们对 1988—1992 年间在十家荷兰医院中被成功抢救的 334 位突发性心肌梗塞患者进行了长达八年的追踪研究，发现其中 62 人有濒死体验。这研究结果因其开创性和严谨性，被发表在国际权威学术期刊《柳叶刀》（*The Lancet*）上[77]。今天，NDE已经成为一个活跃的科学研究领域。

不同人的濒死体验不尽相同。经常出现的一些经历是意识到自己已经死去，感到一种完美的愉悦，"我"离体，穿过黑暗的隧道，看到奇异的色彩和景象，与去世的亲友重逢，洞悉生死界限等。

意识脱离肉体

NDE 似乎说明意识可以不依赖于正常工作的大脑而存在，但这结论遭到了正统学术界的质疑。一些人认为 NDE 是当事人在撒谎。这种可能性极低，因为承认有 NDE 的人不仅一般得不到什么好处，而且常受到嘲笑，有人甚至因此隐瞒 NDE。NDE 分布广泛，绝大多数文化中都有关于它的记载或传说[78]，如此大规模而又一致的"欺骗"很难发生。根据来自 4 个国家的 9 项前瞻性研究，17% 的病危者[79]和 10%—20% 接近过死亡的人[80]有过 NDE。

也有人认为 NDE 是"虚假记忆"——当事人记错了，或其实是个梦。这也不太可能，我们都做过梦，但醒来后没有什么人会把梦当真，因为梦境支离破碎，但 NDE 完整而逼真。何况 NDE 时人体机能和大脑活动已经完全测量不到，说这时候做梦未免有些牵强。NDE 和普通的真实记忆并无区别，而且不随时间消退[81]，时隔一二十年仍刻骨铭心。

还有人认为 NDE 是某种幻觉。一种说法认为，当人体判断自己难以生还时，就启动一种"安乐死"本能，不再有疼痛感，大脑释放一种类似于海洛因的化学物质让人安然死去。这说法似乎和进化论相矛盾。进化论认为人体机能是因为生存和繁衍的压力而进化出来的，但"安乐死"对生存和繁衍没什么好处，反而可能导致人丧失逃生能力，从而更容易死亡。

另一种说法认为，NDE 时大脑因为缺氧而产生了幻觉。这也站不住脚，因为有些 NDE 发生在大脑并不缺氧的时候[66]，而且 NDE 涉及到大脑特异而复杂的改变，缺氧这样"普遍损伤"的机制难以导致。多数经历过 NDE 的患者性格会发生积极的改变，大都对常人小事更加感恩，对生命的意义有了新的洞察，不再过分计较物质利益，也不再惧怕死亡[77]。

有些证据说明 NDE 并非虚假记忆或幻觉。许多 NDE 患者有"脱体体验"（Out of Body Experience，也被称为 OBE），可以飘在空中看到自己被抢救的过程，而且事后能准确复述在自己"死亡"期间周围所发生的事情[82, 83]。在两个研究中，有脱体体验的人能够准确地描述他们的急救程序和其间发生的事件，而没有脱体体验的人却"描述了不正确的设备和程序"[80]。有人对 31 位盲

脱体体验（OBE）

人（包括一些生下来就看不见的人）的 NDE 或 OBE 进行了研究，发现他们当时竟然能看到东西，而且有个别盲人所看到的东西事后被证实[84]。

我们来到了"真实"和"虚幻"的边缘。有 NDE 的人笃信自己的经历是真实的，他们其后一辈子的行为都因此发生了改变；但没有经历过 NDE 的某些人认为 NDE 只是错觉和幻觉，并非"真正的"现实。究竟谁有权力仲裁什么是"真正的"现实呢？经历过该现实的当事人，还是没有经历过的旁观者？

不管你如何回答，这些现象至少说明，意识并非神经电现象的简单加和。意识也许离不开物质，就像电流离不开导线，但电流不等于导线。我们今天尚无法说出意识是什么，但可以说出它不是什么：意识不是物质，它是有别于物质的存在。

"我"与"我"所经历的世界共同组成"我世界"

我世界

如果把意识比作镜面，眼前的大千世界就是镜中的影像。"我"和"我"所经历的世界像镜子和影像一样，是一体的，无法分开，我把这个融合体称为"我世界"（又写为"我·世界"[37]）。

薛定谔也发现"我"的意识和"我"所感知的世界是一体的。他在《我的世界观》一书中主张思维和存在、心和物是同一的，认为感觉—知觉是构成外部世界的真正材料："意识用自身的材料建造了自然哲学家的客观外部世界。""每个人的世界是并且总是他自己意识的产物。""正是同样的元素组成了我的意识和我的世界。"[85] 据说，他的这个思想不是自己发明的，而是来自古印度哲学。

印度教奥姆符 [86]　　　　　　　　　佛教万字符 [88]

　　在婆罗门教和印度教中，"幻"与"我"（也称"阿特曼"）同源同宗，无法割裂。"幻"是"我"所体验的"幻"，它们都来源于"梵"，终归于"梵"，因此是同一的。古印度哲学家们不仅认为"梵幻不二"，也相信"梵我一如"，即作为外在的、宇宙终极原因的"梵"和作为内在的、人的本质的"我"在本性上是同一的。客观世界的本源和主观世界的基础都是"梵"；个人的"小我"和永恒的"大我"是一回事。

　　佛教也倡导类似的思想。在佛教中，主体被称为"能"，客体被称为"所"，它们分别又和别的字组合在一起，形成一对一对的概念，如："能缘"指认识主体及其能动作用，"所缘"指认识对象；"能取"是内识，"所取"是外境；"能知"是认识主体，

道教八卦

"所知"为认识对象。佛教认为"能"、"所"相对，"所"不能离开"能"，而且"能所不二"（主体和客体是同一的）。

　　佛教有时也将"我"的意识称为"心"，将"我"所经历的世界称为"外境"，心和外境是同时生起、互相对待产生，而且是一一对应的[87]，既没有离开心的外境，也没有离开外境的心，即所谓"见物便见心，无物心不现"。我们所经历的世界和我们的心有关，所有认识都离不开心，正如《密严经》中说："一切唯心现。"

　　道家的思想也相似，但用了不同的名词："物"和"我"，道家主张"齐物我"[89]。因为天、地与我都是"道"的化身，都来源于"道"，所以从"道"的高度来看，天、地、人是同等共存的，万物与我在本质上没有区别，所以我如万物，万物如我，"天地与我并生，而万物与我为一"。天是自然，人是自然的一部分，"我"与自然的相容，自然与"我"和谐。庄子也指出"我"与世界是相互依存的："非彼无我，非我无所取。"[89]（没有我的对应面就没有我本身，没有我本身就没法呈现我的对应面。）

巴门尼德的思想也殊途同归。他的哲学被称为"存在论"，认为"存在"（他有时把"存在"叫做"一"）是永恒、唯一、不动的，没有"存在"之外的思想，因此思想与"存在"是同一的，他说："能被思维者和能存在者是同一的。"

"我"和"我的世界"是辩证统一的

思想派别	我	世界	关系
婆罗门教和印度教	我、阿特曼	幻	梵幻不二；梵我一如
佛教	能，心	所，外境	能所不二；心与外境互相对待产生
道家	我	物	齐物我
巴门尼德	思维	存在，一	思维与存在是同一的
薛定谔	主体	客体	主体和客体是同一个世界
量子物理	观察者	世界"大实验"	一一对应；相互依存
光子	"我"的意识	"我"体验的世界	"我世界"的辩证统一

从古印度的智者，到古希腊的哲人；从古代中国的圣贤，到现代科学的天才，他们用各种方式诉说着同一个发现："我"与"我"所经历的世界是一个整体（"我世界"），它们是一对阴阳，因此是一一对应、互补互依的。正如斯坦福大学物理学家林德

（Andrei Linde）所说："宇宙和观察者是成对的。"[90]

　　每个"我"都经历着一个独一无二的世界；"我"和这个世界同时发生，同时消灭。没有"我"的观察，世界只是一堆可能性；在"我"出生以前和去世以后，"我"所经历的粒子态世界并不存在。从这个意义上来说，"我"所经历的世界是因我而生，因我而在的。

　　那么，世界的边缘究竟在哪里？

　　既然有"梵"和"幻"两个世界，我们在寻找哪一个的边缘啊？能用公里和光年丈量的显然是"幻"，但如果它仅仅是"意识镜面"中的幻像，其边缘又有什么意义？另一个世界"梵"只是"数字的烟"，其中空间、距离毫无意义，但它确实有个边缘，那就是和"意识镜面"交界的地方，也就是"小我"和"大我"（"梵"）的交汇处。

　　我们终于找到了答案。但比这答案更重要的，是我们在求索中对"我"和世界有了全新的认识。在这段旅程上，我们学到了怎样的智慧，这些智慧又有什么实际的用途呢？

第六章

生命的边缘

雪茄星系（也称 M820）是大熊座中一个距地球约 1200 万光年的星暴星系。图中的流线是星系中的磁场，红色部分是因强烈的核爆炸所产生的两极喷射。

知我说法，如筏喻者，法尚应舍，何况非法。[91]

——《金刚经》

从夸父到拉曼尔，人类对世界的探索从物质延展到了心灵。我们忽然发现，"迷宫"的边缘不在空间里，不在一个远得看不见的地方，而在"我"身边——在"我"的意识和世界的交界处。人们并非共享着同一座"迷宫"，而是在各自的"迷宫"里探寻；"我"也并非世界的过客，而是它存在的原因——"我"和"我"所经历的世界是阴阳互补的一对。

在这样一个崭新的世界里，"我"应该怎样活着？

在生活中漂荡的浮木

我捧着 Max 的简历，激动地等着面试他。

那年我 36 岁，在旧金山一家专注于生物医疗产业的投资公司任大中华区总经理，需要雇一名经理。Max 被一个朋友介绍，前来应聘。我之所以激动，是因为从未见过如此完美的教育背景：

法学博士、医学博士和 MBA 一应俱全，而且都是从霍普金斯、加州伯克利大学等知名学府获得的。能找到他这样的候选人，我感到特别幸运。

他来得很准时。厚厚的眼镜片，领带上有显然洗了几次都没能洗掉的污渍，西装有折痕，像是刚从箱子底拿出来的，肩上斜挎着个书包。我热烈地迎上去握他的手，他软绵绵地握了一下，低下头，从包里拿出一盒巧克力送给我。面试的人给我带伴手礼，还是平生头一次。

当我问他为什么读了那么多书，他说是因为亲戚朋友的建议。本科毕业时，他不知该做什么，向朋友咨询，有人说做医生受人尊重，收入也高，他就花了四年去读医学院，毕业后实习时才意识到自己不喜欢和病人打交道。他父母建议他再拿个法律学位，因为当律师稳定、体面，赚钱也多，于是他又花了三年去读法学博士。毕业后，他在一个律师事务所工作，觉得处理法律文件枯燥难耐，这时又有亲戚劝他去读商学院，比做律师有意思，结果他又花了两年读 MBA。他四十岁了，但刚毕业，没有什么实际工作经验。从他面试送伴手礼的行为看，也缺乏社会生活经验。

"你为什么对我们公司感兴趣呢？"

他一脸茫然，"听朋友说你们在招人，我就投了简历。"他看着我，那眼神像一个小学生在问老师自己的答案对不对，"有人劝我再读一个生物学博士，以便胜任这方面的工作，您觉得这主意怎么样？"

我哭笑不得——他如果再去读个生物博士，毕业时岂不奔 50

了？他显然是个勤奋而聪明的人——不勤奋不可能苦读这么多书，不聪明不可能进入世界一流的学府，但他不知路向何方，就像一节浮木，在生活的海洋中无力地漂着，依赖周围的人像水流一样把他推向任何方向。

为什么一个智力如此超凡的人在精神上会如此"瘫痪"？因为他不知道要到哪儿去，甚至没意识到有责任给出这个问题的答案。即使是游泳好手，如果没有目标，不知岸在哪儿，还是会在生活的海洋中漂流、挣扎，甚至沉溺。

可笑的是，许多人以为名校的学位能给他们带来成功和幸福，他们的人生梦想无非就是变成一个像 Max 一样的人。但学位只是个工具，不能告诉一个人他要到哪里去，Max 怀抱着一大堆金灿灿的学位，仍然活得迷茫潦倒。

不知要去哪儿，不是 Max 一个人的问题，而是大多数人的问题。在越来越多人的脸上，我看到了 Max 的表情，这是一种心不在焉的迷茫，眼睛里没有好奇的光，声音里听不到任何激烈的情感，心灵的火焰仿佛只剩下余烬。许多人像 Max 一样，在漫无目的地"漂着"，他们没有什么追求，不觉得有什么特别激动人心的事，对所做的工作也谈不上喜不喜欢。他们在既定的轨道上忙着，用工作等"应该干的事情"填满醒着的时间，生活成了一个漫长的"过场"。

世界像一列火车，从他们身边轰隆隆地开过。透过车窗，他们看到有人在精彩地生活，感到既羡慕又无奈，因为他们仿佛和这列车无缘。醒来、睡觉，睡觉、醒来，日子越来越快地重复着，在柴米油盐中被打发得干干净净。他们偶尔问自己，难道一辈子就这样了？但年纪越大，问得就越少。

人类面临着一个前所未有，甚至不知道该不该算问题的问题：心灵空虚。直到 100 年前，温饱还是人类的头号挑战，但随着科技的突飞猛进，大多数人的温饱已经解决，人类突然发现，心灵空虚，不知要到哪儿去，活着没有意义，是个更大的问题。

这问题所导致的精神疾病已悄然成为人类的一大杀手。中国有近一亿抑郁症患者，是全球抑郁症人数最多的国家。自杀已经成为 15 到 34 岁中国人的首要死因，其中抑郁症患者占 60%—70%。每年，大约有 100 万中国人会因抑郁症自杀，这数目是车祸死亡数的约 15 倍。

更优越的生活、更发达的科技也许能解决这问题？不能！美国是全世界最富有的国家之一，在那里，科学越发达，生活越优越，抑郁症患者就越多。据统计[92]，2005 到 2015 年间美国的抑郁症患者人数显著增加；12 岁以上的美国人中，每 9 个就有一个在服抗抑郁药；每年，每 15 个美国成年人中就会有一个患重性抑郁（major depression）。仅 2017 年，全美国约 130 万人次试图自杀，平均每天就有 129 人自杀身亡。

心灵空虚，不知向哪儿去，活着没有意义，这些问题的"病根"不在物质里，而在精神上——这"病根"就是已经被现代科学证明是错误的传统世界观。你在开始读这本书之前，八成也拥有这个世界观，它和 500 年前牛顿的世界观没有本质区别（除了牛顿有上帝可以依靠，而你可能没有）：所有人都住在一个永恒

◯ 陨落的巨星 ◯

抑郁症患者一般都是在自己的孤独世界里与疾病抗争，所以许多人没意识到今天抑郁症问题有多严重。

2018年12月，就在本书即将完稿的时候，张首晟，一位杰出的华人科学家，因为抑郁症自杀了，享年仅55岁。他是斯坦福大学物理系讲席教授，曾获欧洲物理奖、富兰克林物理奖等一系列国际大奖。他发现的"量子自旋霍尔效应"被《科学》杂志评为2007年"全球十大重要科学突破"之一。近年来，他获诺奖的呼声越来越高。

张首晟最伟大的成就之一，是为马约拉纳费米子（Majorana fermion，张首晟称之为"天使粒子"）的存在找到了有力证据。前文提到，狄拉克根据数学演算发现了反粒子的存在：粒子都有与其对应的反粒子，就像正数都有与其对应的负数一样（有1就有-1，有2就有-2）。但是否存在没有反粒子的粒子呢（就像0对应着0本身一样）？意大利理论物理学家马约拉纳（Ettore Majorana，1906—卒年不详）根据数学演算，于1937年预言它们存在，它们因此被命名为马约拉纳费米子。

马约拉纳是个数学奇才，但淡泊名利，被许多人认为"脑子有毛病"。他信手拈来就有许多惊人发现，但不屑发表，据说常把重大成果写在餐巾纸之类的东西上随手扔掉。他一生中真正用于研究物理的时间只有五六年，仅发表过9篇论文，却对现代物理产生了深远影响。32岁时，他在那不勒斯大学当教授，却神秘地失踪了。他登上了一艘开往西西里首府巴勒莫的邮船，就从人间"蒸发"了。后人对他的去向有许多猜测，诸如流落街头成了乞丐、移民南美、自杀或被杀之类，最离谱的说他被外星人接走了！

八十年来，科学家们一直在寻找马约拉纳费米子的踪迹，张首晟和他的团队为手性马约拉纳费米子的发现提供了直接而有力的实验证据，他们的工作对量子计算，高速数据处理等方面有着重要意义。

我近20年前在硅谷有幸认识了张首晟，当时我刚从斯坦福商学院毕业，他才三十多岁，已是斯坦福大学教授，在华人中真是凤毛麟角。其后他每取得一个成就，我都远远地为他欣慰和祝福。最近惊闻他的噩耗，我感到万分悲痛和惋惜。

希望人类早日征服抑郁症，以免如此璀璨的生命，这么早就陨落。

不变的"大盒子"（宇宙）里；人是一大堆细胞，只是像滴露珠那样存在一小段时间，所谓"我"的意识只是神经电现象的副产物，自主意志只是幻觉。

这世界观强调：在庞大而永恒的宇宙面前，你渺小得不值一提，而且转瞬即逝；不管你在不在，宇宙都客观存在，而"你"的所谓心灵根本不存在！如果人只是一堆细胞，只是在一个"盒子"里暂时存在一会儿，抑不抑郁，自不自杀，又有什么区别？总之，你不重要！你的一生没有意义！

为了知道宇宙究竟有多庞大，科学家们试图算出它所拥有的能量的总和，但得到的答案却让包括爱因斯坦在内的所有人大吃了一惊。

爱因斯坦的震惊

"你说什么？！"爱因斯坦，这个连时空弯曲都不吃惊的人，听了宇宙物理学家伽莫夫（George Gamow）的想法后惊呆了，竟在马路正中愣住了。

一辆疾驰而来的车急转上旁边一条线，从他身边呼啸而过；另一辆来了个急刹车，车轮胎在地上摩擦出两条长长的黑印，发出尖锐的声响，终于在距他只有几厘米的地方停住了。司机愤怒地连按了几声喇叭，一看是爱因斯坦，就没再按下去。

"你说什么？！"爱因斯坦丝毫没顾及身处的危险，仍站在马路中间。又有几辆车紧急停了下来，才没发生连锁撞车事件。

伽莫夫赶紧把他拉到路边，"我说宇宙的能量总和等于零。"

多年后，伽莫夫回忆起和爱因斯坦在普林斯顿散步时谈及零能量宇宙理论，爱因斯坦吃惊的神情还记忆犹新[93]。对爱因斯坦来说，"宇宙能量总和是零"真是个不可思议的想法，因为他知道，不仅世界上到处是能量（如太阳的光能、星球的动能等），而且所有的物质也可以转换成能量[94]——一个普通成年人身上的物质所包

宇宙中正能量和负能量完全平衡

含的能量，就足以给全美国提供 30 年能源，宇宙的总能量怎么可能等于零？

　　但的确很可能是零 [37, 95]。爱因斯坦没想到的是，物质都有引力场，而引力场包含负能量，它和我们所熟知的正能量（光能、动能、物质包含的能量等）完全抵消。正如霍金（Stephen William Hawking，1942—2018）所说："从某种意义上说，宇宙的能量是恒定的，它是一个常数，其值为零。物质的正能量与引力场的负能量完全平衡。" [96]

　　从量子场论看，宇宙的能量总和也等于零。该理论认为，宇宙是量子真空中的一次量子涨落（quantum fluctuation）[97, 98]，就像在一个平静的湖面泛起的涟漪，波峰和波谷体积相等，方向相反，相互抵消，最终又会归于平静。

　　如此庞大浩渺的宇宙，能量的总和等于零！这让人想起佛教禅宗六祖惠能大师著名的菩提偈：

菩提本无树，

明镜亦非台，

本来无一物，

何处惹尘埃。

　　万物皆空，虽然在佛教中是个基本概念，在物理中却是经过许多代人的研究才发现的。你面前的书看上去是"实"的，但如果把它拆成越来越小的部分，最终会发现它是"空"的。书是由原子组成的，而原子是一个个"大空球"——如果把原子放大成一个30层楼高的球体，它几乎全部质量都集中在中间芝麻粒那么大的原子核上。原子核和绕它运行的电子也并非"实"的，而是由振动不息的能量组成。如果把宇宙中所有的物质（包括全部原子核和电子）都转换成能量，然后把所有的能量加起来，得到的结果是零。

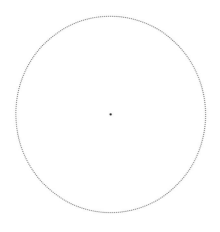

原子结构示意图
（中心几乎看不见的小点是原子核，其他部分几乎全是空的。虚线是为了示意而人为画出的界限，其实并不存在。）

宣扬宇宙庞大的传统世界观一直在欺骗你！浩瀚的宇宙不过是只空空如也的纸老虎！难怪古印度人把它叫做"幻"。人生就是"我"在体验"幻"，就像玩电子游戏一样，屏幕上的天、地、万物全是幻像，电源一关，就全都消失了。

不明白"万物皆空"的人，会专注于追求物质。他们把一生用于收集更多的金钱、更大的房子、更豪华的车。下面这则寓言的主人翁就是这样，当我们从旁观者的角度就容易看到追求物质是多么荒唐可笑。

【寓言】

真正拥有

有个人买了块黄金整天把玩，邻居说："借块黄金也可以玩，这哪是真正拥有啊？"他赶紧把黄金锁在保险柜里，邻居又说："柜里放块石头也没人知道，这哪是真正拥有啊？"他只好把黄金吞进肚里，差点一命呜呼。就这样，他一生都没能真正拥有这块黄金。弥留之际，就要和黄金分手了，他终于明白了：身外之物都无法真正拥有啊！

"我"的意识无法"真正拥有"物质世界里的任何东西，就像一面镜子无法"真正拥有"它上面的影像一样。在物质层面，人生是一个"结果为零"的旅程。

让爱因斯坦震惊的事应该让你也震惊，如果你并不以为然，还企图像从前那样过下去，你还不如一只把头埋在沙里的鸵鸟。

宇宙大爆炸："无中生无"

守恒率是一个普遍规律，在一个与外界隔绝的系统里，物质不会无中生有，或毫无原因地消失。我们可以把"与外界隔绝的系统"想象成一个无形的"万能口袋"，装在里面的东西不管怎么变化，因为和"口袋"外没什么关系，其总量不会变。

这"万能口袋"必须足够大，大到足以与外界隔绝，里面的东西才能守恒。例如，物质是守恒的——一杯水放在低温里，总量是不会改变的。假如温度升高，水挥发成了水蒸气，水量会减低。但如果用个更大的"万能口袋"——把水蒸气也包含在测量的范围里，水分子的总量仍然是不变的。

如果发生了化学反应，水被分解成氢和氧，原来的"万能口袋"又不够大了，水分子会减少，但如果用更大的"万能口袋"——把氢和氧也放在"口袋"里，原子总量还是不变的。

"万能口袋"里不仅可以装物质，也可以装别的东西，比如能量。假如发生了核反应，例如在太阳里氢核聚变成了氦，放出大量光和热，物质的总量虽然减少了，但如果把能量也放在"口袋"里，物质加能量的总量还是守恒的。

物质之间的互动也遵循着守恒律。

例如，如果两个弹性很强的东西（如皮球）撞在一块儿后弹开，它们动量和动能的总和都是守恒的。如果不是弹性很强的东西，例如两块软泥撞在一起，动量虽然不守恒，但总的能量还是守恒的。

推而广之，只要"口袋"足够大，和外界绝对隔离，口袋里一切的总量总是守恒的。这就好比一个湖，如果和外界是隔绝的（既没有水的流入和流出，也没有挥发和降雨），水的总量就不变。如果来了一阵风，湖上起了波浪，水量还是不会变——浪花越高，波谷就越深，浪花和波谷的总量必然相互抵消。

如果把整个宇宙都装进"万能口袋"，它就像一个波涛起伏的湖，其中有很多东西存在和很多事情发生，但它的"总和"必须守恒。

按照大爆炸理论，宇宙是从什么都没有的状态中"爆炸"出来的。如果把爆炸前的状态比作一个万分平静的湖（其能量总和是零），爆炸后能量总和仍然必须维持为零（波峰，即正能量，和波谷，即负能量，相互抵消），这从另一个角度解释了"零能量宇宙"——宇宙大爆炸时的"无中生有"其实是"无中生无"。

你翻开这本书之前所以为的"盒子世界"已不复存在，你必须用崭新的心态活在一个崭新的世界上。

传统世界观不仅主张宇宙很庞大，而且声称你很渺小：你只不过是一个精子遇上了一个卵子，按照预设的程序生长发育成了人，循着物理和生物化学规律所界定的轨迹生老病死；你只是碰巧来到了这个世界上，不过是个匆匆过客。

你真的那么渺小吗？

你是奇迹

设想，你一觉醒来，突然发现面前多了这样一台"超级机器"：它由50万亿（相当于7 000个地球上的人口总数）台极端复杂的"微型机器"组合而成，其中每一台小得连肉眼都看不见，却精密得连最顶尖的科学家耗尽所有智力仍无法理解。这些"微型机器"紧密协作、自我修复、吐故纳新，使"超级机器"作为一个整体协调一致地存在，甚至生产出更多台"超级机器"。不用任何人论证，你立即就知道它不是碰巧出现的。你会惊叹于它的伟大和神秘，而且会很珍视它，不会轻易抛弃。

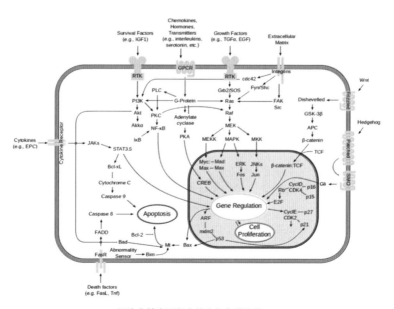

细胞中精密而复杂的生物化学路径

你的身体就是这台"超级机器"，你身上有约 50 万亿个细胞，就是那些"微型机器"。难道你不奇怪吗？即使你的身体的确是受精卵中 DNA 表达的产物，这么精密复杂的机制又是从何而来？你为什么能意识到自己的存在（而你周围所有的机器都没有这个能力）？

人类至今无法回答这些问题，但有人想用假说蒙混过关：原始海洋里的一堆物质经过风吹日晒、电闪雷鸣就会形成生命。这假说既无令人信服的细节，也无实验证据，就像说把汽车零件放在一个盒子里乱摇一通，就会出现有意识、能繁殖、会进化的变形金刚一样——它高估了随机的作用。科学家们试图在实验室里重建原始海洋的状态，用人工的风吹日晒、电闪雷鸣来创造生命，至今都是徒然，他们仅仅能创造出一些有机物，而非生命。

另外，你是否想过，世界为什么会有规律？为什么规律是放之四海而皆准的？你为什么能理解这些规律？别嘲笑这些问题傻，爱因斯坦也有同样的疑问，他说："世界上最以难理解的事是世界是可以理解的。"著名哲学家叔本华也说："那些不关心自身存在的偶然性，以及这个世界存在的偶然性的人，是心智不健全的。"

这些现象逼着你面对一个问题：你在这个世界上醒着，也许并非偶然，而是另有机缘？爱因斯坦表达得很好："我们的状况就像个小孩进入一个巨大的图书馆中，里面的藏书有许多国家的文字。孩子知道是某些人写了那些书，但是不知道是怎么写的，也

世界上最大的书：缅甸库克多佛塔林
Kuthodaw Pagoda，光子摄
（1871 年，缅甸敏东国王召集东南亚 2400 名高僧召开第五次佛经结集大会，历时 5 个
月。结集后的所有经文被刻在 729（等于 9×9×9）块云石碑上，并在曼德勒建造了
729 座藏经塔将它们珍藏起来。如今这部巨型石刻书还完整地保存着，被誉为"世界
上最大的书"。）

看不懂书上的语言。孩子模糊地怀疑书有一个神秘的排列顺序，但不知道是什么。对我来说，就好像是一个最聪明的人类面对上帝一样。我们看到宇宙很好地组织、排列着，并且遵循某种法则，但我们只是很模糊地理解这些法则。"

如果把科学尚无法解释、仅靠随机过程无法发生的现象叫做奇迹的话，你就是个奇迹[99]。你并非一堆原子碰巧凑成的机器，而是一个生灵。

但你实在不觉得自己是个奇迹，因为你周围这样的"奇迹"太多——世上有 70 多亿人，你不过是其中一员，就像沙滩上的一粒沙子，多了你不多，少了你不少。但事实是，你是独特的、唯一的，和其他人并不等同。

以你为中心的世界

在你眼里，世界像个巨大的舞台，上面有几十亿演员，你只是其中一员。当你这么想的时候，已经不经意间跑到了世界之外，仿佛坐在人生舞台下面，观看台上的自己和周围的人互动。

但事实是，你无法脱离自己，跑到舞台外面去观看自己和别人互动。你永远必须站在舞台的正中央，别的"演员"是从四面八方到你这儿来和你互动的。这是个以你为中心的舞台，其他人只是你的舞台上的"客人"。

◉ 奥卡姆的剃刀 ◉

科学虽然是研究规律的，却无法解释为什么存在规律。

为了解释同一种现象，常有多种假说，但其中一个较"优美"（往往表现为数学的简洁、对称、和谐），而其他的较"丑陋"（复杂、不对称、不协调），人类的本能总是倾向于选择"优美"的假说，这叫做奥卡姆剃刀原则[100]（Occam's Razor）。爱因斯坦根本不去理会"丑陋"的公式，而薛定谔和狄拉克也追求数学之美。

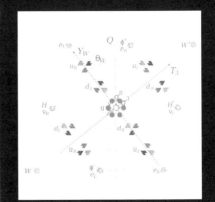

微观粒子的对称性

这不合逻辑——如果世界是随机形成的，凭什么"优美"的假说就更正确？奇怪的是，这种对"优美"的偏爱被后来的发现反复证明是正确的。世界有一种无法解释的有序性，不像是胡乱搭建起来的。宇宙最核心的"设计"是美的，正如开普勒所说："自然喜欢简单与和谐。"

"中心"或"旁观"，只是描述的角度不同，难道有什么区别吗？在前文中我们已经认识到，脱离了观察的视角和参照系，对任何事物的描述都是没有意义的。你对世界的一切体验，都是从你这个主体和参照物出发的。海森伯指出，经典物理试图不提及"我"而去描述世界是错误的："在经典物理中，科学是从以下信念（或者，我们是否应该说，幻觉？）出发的：我们可以描述世界，至少一部分世界，而不提及我们自己。""自然科学并不简单地描述和解释自然，它是自然与自我相互作用的一部分。"

　　在你所体验的世界里，你是不可替代的中心——你无法"跳到"另一个人的瞳孔后面去看世界；别人也只有进入你的脑海，对于你才存在。在对现实的体验中，你只能有唯一一个视角——以你为中心向外看；也只能有唯一一个参照系——你本身。你无法站在局外，旁观一个独立僵化、与你无关的世界。

　　有一个秘密就摆在眼前，你却视而不见：这是个以你为中心的世界，无论你在里面如何移动，都改变不了自己中心的位置。你没了，你的世界就没了。你出生以前和去世以后，世界对于你就仅仅是一团"数字的烟"。

　　在你的世界里，你是中心和主宰；你自身的感受，别人是无法直接控制的。谁想要让你感到痛苦，只有你"配合"才能达到目的；如果你拒绝，他们就只能干瞪眼，下面这则寓言用幽默的方式说明了这一点。

国王与疯子

国王的车队路过一个集市，百姓都匍匐在路边避让，有个疯子却以为国王是来拜访他的，站在路中央手舞足蹈。他被抓进了大牢，却以为是被邀请到皇宫做客，狱卒是他的卫兵，所以在牢里活得很滋润。狱卒给他吃糟糠，他以为是高纤维健康食品，吃得津津有味；逼他劳动，他以为是在敦促他锻炼身体，结果练出一身肌肉来。国王气坏了，找来全国最聪明的谋士商量对策。谋士说："疯子不是以为在皇宫里做客吗？把他赶出去，他不就会以为是被赶出了皇宫而感到羞辱吗？"于是疯子被赶出监狱，但他以为是被封了爵位，驱赶他的人是在为他送行，乐呵呵地回到大街上。国王慨叹道："他的心比我的王国还要强大啊！"

如果你的心灵足够强大，就没人能伤害你；你能通过调整自己的心态，避免别人"侵袭"你的世界。

这道理的另一面也是有用的：你虽然不能左右别人怎么想，却能左右自己的生活。英文中有个谚语就体现了这一生活哲学：The best revenge is to live well（最好的复仇是滋润地活着）。不要试图改变别人的世界，不要让负面情绪吞噬自己，而要专注于照顾好自己的世界。

一人一"幻"

被传统世界观蒙住了眼睛的人们没有意识到，每个人都拥有自己的世界。如果在大街上做个问卷调查，是否所有人共享着同一个世界，是否存在绝对真实和终极真理，也许百分之百的人都会说是。但人类的行为却与此恰恰相反——他们相信非常不同的真实和真理。一个思维清晰、智力优秀的基督徒能告诉你伊甸园里的蛇都说了些什么；而一个思维清晰、智力优秀的佛教徒能说出须弥山[101]的形状。

有信仰的人并非人类中可以忽略的部分，因为他们占人口总数约5/6。人类中约1/3信基督教，约1/4信伊斯兰教，约1/7信印

柬埔寨吴哥窟是按照须弥山的形状建造的（光子摄）

Et aspiciens arborem mulier fructum comedere appetebat.
La feme donc voiant que le fruit de l'arbre etoit bon a manger.
Mol. Tab. N° 49.

*La femina perciò vedendo che la frutta de l'albero era buo
a mangiare.*
Und das Weib schauete an, daß von dem Baum gut zu essen wäre. Gen

Cum Gratia & Privilegio Sac: Cæs:Majestatis. *Georg Balthasar Probst: excud.*

伊甸园中的蛇与亚当、夏娃

第六章 生命的边缘

度教，约 1/14 信佛教，他们多数都诅咒发誓，自己心中的真实和真理才是唯一正确的。这些宗教又有许多支派，例如基督教包括天主教、新教、东正教和其他一些较小的教派，对于伊甸园里的蛇都说了些什么，他们可能有不尽相同的回答。

别以为科学可以"统一"人们的现实。信仰是人类精神的支柱，科学在它面前只算得上是锦上添花。在全球科技最发达的美国，教堂的数目是学校的三倍多。你是个相信科学的人（否则不可能读这本书），很可能也认为有绝对的真实和终极的真理，但请你扪心自问：你心里难道没有和科学抵触、不被所有人接受的信仰、信念或迷信吗？

在行为上，人类从来没有相信过同一个世界，但在嘴上和本能上，却坚持有同一个世界，这很不可思议。英语中有句谚语：Actions speak louder than words（行为比话语更响亮），现在是承认我们心中并没共享着同一个世界的时候了。

撇开宗教不谈，在一些基本层面上，人类也没共享着现实，例如人的色觉感受就各不相同。每 12 个男人或每 200 个女人中就有一个是色盲，他们看到的颜色和"正常人"大不相同。而色盲又分多种，有各自不同的色觉感受。

即使所谓"正常人"对颜色的感受也不一样，因为影响它的诸多因素，例如眼睛、视网膜、视神经和视皮层等的状态都是人各不同的。这种差异是极难察觉的，即使你看到红色时的感觉和我看到蓝色时一样，因为我们都称它"红色"，我们还是会相互认同。

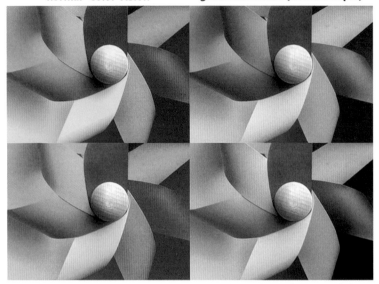

"normal" color vision　　　green-blindness (deuteranopia)

blue-blindness (tritanopia)　　　red-blindness (protanopia)

不同类的人有不同的色觉感受

　　但人类本能还是觉得，剥去宗教、感觉等"外衣"，所有人共享着同一个粒子世界的"内核"。从前面的章节我们已经知道，这是错觉——因为测不准原理，人们所认知的世界之间有着以普朗克长度为单位的差异，只是一般人无法探测这么小的差异而已。这就像两张印有相同图案的薄膜对齐了贴在一起，看上去是一张，但仔细分就知道是两张。

　　你有你的世界，别人有别人的；你的世界是为你专设的，生命是一次为你量身定制的旅程。

世上并不存在什么真实的"幻"，因为它是每个人的感受。所以坚持认为只有自己的"幻"才是唯一的真实，别人的都是假的、错的，并为此冲突斗争，是愚昧的，只会导致无谓的痛苦，正如玻恩所说："只相信单一的真理和相信自己是真理的占有者，那是世界上一切坏事的根源。"

人可以有不同的信仰，不同的宗教可以和平共处，甚至互相帮助。这方面佛教和道教做得很好，虽然他们起源不同，但素有"佛道一家"的说法。基督教、伊斯兰教和犹太教间虽然有许多冲突，但合作并非不可能，西班牙的托雷多城（Toledo）就是个见证。

它被称为"三文化之城"（"City of Three Cultures"），因为那里融合了三种宗教的历史和文化。城中许多古老的建筑兼有三种宗教元素，最著名的之一是美丽的圣玛丽白教堂（Synagogue of Santa María la Blanca）。它建于1180年，被认为是欧洲最古老的犹太教堂，是基督教统治的卡斯蒂利亚王国（Kingdom of Castile）时期，由伊斯兰教的建筑师为当地的犹太人建造的。800多年前，基督教统治者就有胸襟允许境内的犹太人拥有自己的教堂，而且其建筑师竟然是穆斯林，在今天这个信息技术先进得多、交流手段丰富得多的时代，人类更有理由求同而存异。

基督教、犹太教和伊斯兰教的标志

圣玛丽白教堂内景（光子摄）

Know Thyself

这个旅程的意义何在？也许我们能在下面这则寓言里得到启示：

【寓言】

寻宝

有个富商赚了很多钱，但仍觉得内心空虚，活着没什么意思。他听说一条河边住着个神仙婆婆，非常智慧，便不远万里找她祈问生命的意义。她把他带到河边，说："对面山上有宝贝，你去寻吧，回来我再告诉你。"富商游泳过河，上了山。山上景色美不胜收，但他急于寻宝，眼睛一直盯着地面。他发现了一堆金锭，抱着兴高采烈地下了山。但到了河边才发现，金子太沉，无法带着游过河，只好扔掉。他两手空空地去见婆婆，她说："这条河让你注定是什么也带不回来的，山上那些美景才是真正的宝贝。""那生命的意义是什么呢？""我已经告诉你了啊。"

那条河象征着出生和死亡，而爬山寻宝的旅程象征着人生。人生不带来，死不带去，所以人生并非物质的旅程，而是心灵的旅程，活一次为的是欣赏沿途的风景。

在这个旅程上，人应该向哪儿去呢？想知道答案的人会四处寻找，他们读书，上网，咨询他人，仿佛在某个地方藏着个写有答案的纸条，只要找到就行了。市面上也有许多迎合这种需求的"人生指南"，它们鼓励人们"树立伟大的理想"，并细数名人的案例，号召读者效仿。但这些"心灵鸡汤"不管用，因为它们并没有从"根儿"上解决问题。

我的一个亲戚 DM 就曾为"向哪儿去"的问题向我咨询，却得到了一个意想不到的答案。她属于在"成功轨道"上行进得蛮不错的人，拥有医学博士，在一个三甲医院行医 14 年，然后在美国田纳西大学做了三年博士后研究。因为实验室的老板要退休了，她得另谋出路。她告诉我几个可能的方向：可以换个实验室继续做博士后，或进制药公司做研发，也可以回国做医生。她举棋不定，希望我帮她分析一下这几条道路孰优孰劣。

"先撇开这些顺理成章、摆在面前的机会，如果不为钱而工作，你会做什么？"我问了一个令她十分意外的问题。

她沉默着，也许觉得这问题既不现实，又不着边际。

"假想你不必为工资而工作，做什么才会带劲呢？"我追问道。

她沉默良久，说："我想写小说。"

我完全不知道写作是她如此热爱的事，大吃了一惊。

"我试着做过各种事情，但写作是唯一一件做再久都不累的事。"她告诉我，她对做医生或科研已经失去了兴趣，却能通宵达旦地写作而不知疲倦。

"那为什么不全身心写作呢？家人会支持你！"

她犹豫着，我理解这种犹豫。一个行医十多年又做过博士后的人想弃医从文，要克服极大的心理障碍。放着光鲜的科学家和医生不做，去做个没有固定收入的作家，从前的事业岂不前功尽弃了？写作失败了怎么办？别人会怎么看？她之所以被"逼问"才说出口，心里一定有过多年的矛盾和挣扎。

但味如嚼蜡地做着不情愿的事，心里渴望着写作，不也是一种折磨？世上也许会多一个毫无建树（因为她心不在焉，是无法做出优异成绩的）、并不快乐的科学家或医生，却少一个全情投入的作家。而在这煎熬的尽头等着的，是人生的终点，是死亡。在别人眼里的"光鲜"，难道要用自己一生的痛苦做代价吗？

在我的鼓励下，DM 放弃了行医和科研，潜心写作。转眼 12 年过去了，她在线上、线下发表了 12 部小说，并多次获奖。回头看，她做了个适合她的选择，如果她仍在一边做别的工作一边暗地里向往写作，会浪费这 12 年生命。

DM 知道要去哪儿了，但给出答案的，并不是我，而是她自己，我只是帮助她直面了她一直都认识的自己。当人们忙于在身外寻找答案的时候，真正拥有答案的，恰恰是他们自己，因为只有自己才知道内心深处的渴望。

所以要"向内看"。每个人都该问自己："既然生命是一次为我量身定制的体验，那么我想要一次怎样的体验？"古希腊人早就意识到这个问题的重要性，他们在德尔菲（Delphi）阿波罗神庙入口处刻下了神谕："认识你自己"（Know Thyself）。答案并非难以发现的秘密，而是一个人时刻都能听到的心声，他需要做的，是承认和追随它。哈勃正是听从了内心的声音，才放弃了父亲逼

希腊德尔菲阿波罗神庙遗址

他学的法律而转学天文；德布罗意也正是听从了内心的声音，才放弃了家族传统的仕途而改学物理。

　　人常忘记"向内看"，因为"向外看"是人类本能。人一睁开眼，就是向外看的，就像一间黑屋子里的人推开窗户，很容易被窗外花花绿绿的世界所吸引。他们没有仔细思考自己是怎样的人，做什么事才能保持长久的热情，应该走怎样独特的道路，就忙于模仿名人，或追逐流行的目标，难怪会迷失。

　　但只要向内看就行了吗？内心的渴望是千奇百怪的，错了怎么办？怎么活才是对的？人生之路的对错，该由谁来评判？让我们看一个例子吧。

没有错的选择，只有你的选择

穆巴拉克祖祖辈辈都生活在埃及的尼罗河畔，他每天起早贪黑只做一件事：为伟大的太阳神阿蒙建造卡纳克神庙（Karnak Temple）。他和其他工匠一起，把巨大的石块从遥远的山上开采下来，用圆木垫在底部，靠人力一点一点拖到尼罗河畔，凿成圆柱形，砌成七八层楼高、四五个人才能合抱的石柱，然后在表面刻上精美的神像和文字。每根石柱需要几年时间才能建成，一共要建 134 根。从他爷爷的爷爷那辈起，穆巴拉克家世世代代做的就是这个工作，他也打算让自己的子孙后代继承这份"事业"，因为他相信，神会喜欢他们的奉献，在来世奖赏他们。

穆巴拉克的生命有意义吗？

古埃及人运输巨大的石块

卡纳克神庙（光子摄）

世界边缘的秘密

许多人会回答没有。他们会说，穆巴拉克为愚昧的古埃及宗教献身毫无意义，因为这宗教在今天的埃及已经销声匿迹（绝大多数现代埃及人信奉伊斯兰教和基督教）。

还有人会说，一个无名的工匠就像大海中的浪花，来去无痕——穆巴拉克的生命当然没有意义。试问，他著名到什么程度，生命才开始有意义？你知道几个古埃及人的姓名？其他都是来去无痕的，难道他们的生命都没有意义？而且，即使是今天叱咤风云的企业家，两千年后还记得他们的能有几人？他们的生命也无意义吗？你比企业家名声如何？你的生命又将有何意义？

也有人会说，穆巴拉克的生命有意义，因为他参与建造了壮美的建筑群，可以供后人欣赏。但如果这些建筑群因为某种原因被毁掉了，他的生命是否就失去意义了呢？地球终有一天是要毁掉的，难道建造任何建筑都没有意义吗？

这些回答都站不住脚，因为它们基于一系列错误的判断：人只是世界的过客，他离开以后世界继续存在，所以生命的目的是要在世界上留下点什么，而且留下的这点什么在后人眼里得有永恒的意义，生命是否有意义应该由别人来评判。

如果运用"我世界"的理念，上面这些问题就都迎刃而解了：人生是一次经历，它是否有意义由自己来决定。人出生之前和离开之后，世界并不以他所体验的粒子态存在，而是一团"数字的烟"，宗教是否持续、建筑是否毁掉之类的问题没有意义。

一个人生命的意义不应由他人来评判，因为每个人的回答是不一样的，并不存在绝对的正确或错误；别人没有生活在他的现实里，没有他的感受，所以没有权力仲裁。（例如，你蛮可以尽情发表对秦始皇、武则天的意见，但他们不在这个世界上，这些意见对他们真是一点意义都没有。）穆巴拉克认为自己的生命是有意义的，因为他把一生奉献给了全身心信仰的神，这就足够。

穆巴拉克这个人物是我虚构的，我这么做只是为了向你阐明：你生命的意义由你决定，不要理会别人的评论。

但一般人都会把评判自己生命意义的权力交给他人和社会，他们以为他人和社会是理性、有良知与公德的，不会胡乱评判。当人临终时回顾一生，自然就会知道这样做对不对，但假如错了，岂不为时已晚？也许可以问问垂死的人认为按照他人的评判活一辈子究竟值不值得？真有一个澳大利亚人去问了，她的发现值得每个人深思。

临终前最后悔的事

她的名字叫邦妮·韦尔（Bronnie Ware），为了知道人在生命终点的感悟，她选择了一个非常奇特的职业——做一名照料绝症患者的护士。这是一份天天和死亡打交道的工作，被她照顾的人已经走到生命的尽头，余下的时间是以天计算的。她和他们倾心交谈，发现临终前最后悔的事有许多共性，于是把它们收集到一起，写了一篇题为《垂死者的后悔》（*Regrets of the Dying*）的博客，发表后仅第一年就有三百多万读者。在许多人的请求下，她出版了《临终前最后悔的五件事》(*Top Five Regrets of the Dying*)一书，该书引起了无数读者的强烈共鸣，很快风靡全球，被翻译成了29种文字。

韦尔发现，临终前最后悔的事不是没赚更多的钱，出更大的名或攫取更大的权力，而是"我要是有勇气过对自己真实的生活，而不是别人认为我应该过的生活就好了。"("I wish I'd had the courage to live a life true to myself, not the life others expected of me.")。这个后悔让人想到杨绛在她百岁生日时所说的话："我们曾如此渴望外界的认可，到最后才知道，世界是自己的，与他人毫无关系！"韦尔写道："这是最普遍的遗憾。当人们意识到他们的生命即将结束，并清楚地回顾过去，很容易看到有多少梦想没有实现。大多数人甚至连一半的梦想都没实现就不得不死去，他们知道这是因为他们所做的（或没做的）选择。"

过"对自己真实的生活"听上去简单，但多数人都没有勇气这么做。究其原因，常常是因为太在乎他人怎么看自己。父母的压力，亲友的意见，大众的舆论，这些顾忌让人难以活出自我。

最常拦着你过"对自己真实的生活"的是父母和亲友。他们理应在乎你长久的快乐，支持你的选择，但能做到这一点的甚少。和你越亲的人，往往阻碍你的愿望就越强烈，而且力度也越强大。他们越爱你，就越会要求你逃避风险——他们宁愿你在一个牢里"安全地"做一辈子囚犯，也不赞成你冒险逃出去。他们往往没有足够的眼界或智慧支持你追寻梦想，并不理解甚至不关心你内心深处的渴望，因此对你施加足以剥夺你的人生意义的压力。

你是你的世界的中心和主宰，你的路必须自己走，并为之负责，再亲的亲人都无法代替你。如果你努力沟通后，他们还是不理解或不同意，就走自己的路，让他们说去吧。

另一些阻挠你过"对自己真实的生活"的人，是"格子综合征"患者。他们会对 DM 说"你只是个医生，又不是作家"，对笛卡尔说"你只是个雇佣兵，又不是哲学家"，对哥白尼说"你只是个神父，又不是天文学家"，对爱因斯坦说"你只是个专利员，又不是物理学家"。他们的逻辑有着明显的漏洞，人天生就不在任何格子里，路是任由你走的，没人有权力给你贴上标签。

和亲人不同的是，"格子综合征"患者并非真正关心你，而只是想把自身的狭隘强加到你身上，以便自己心里舒服。假如你离开世界时什么梦想都没实现，他们根本不会在乎（很可能连人都找不到了），所以这种人大可不必理会。DM 做医生不开心时，那些"格子综合征"患者毫不关心，也没提供任何帮助，DM 为什么要在乎他们的闲言碎语？

也有许多人无法过"对自己真实的生活"是因为自己心中的牢笼。人生犹如在一个巨大的平原上行走，路有无数条。但人们喜欢成群结队地走在几条"主路"上，因为和"大家"挤在一起才感到安全、合理；走少有人走之路，会被"大家"笑话。

这心理经不起推敲，因为并不存在这个所谓的"大家"，别人都有各自的事要忙，没人有功夫一直监视你、评判你；你没必

拒绝被放在格子里的女人

一百多年前，大多数德国人患着严重的"格子综合征"，他们坚信女人没有能力研究科学，特别是数学；犹太是劣等民族，不配当教授。犹太女人诺特（Amalie Emmy Noether，1882—1935）恰恰出生在那个年代。

诺特

1900 年，18 岁的诺特考进了爱尔朗根大学，几百名学生中只有两名女生，而且不能像男生那样注册，只能自费旁听。她并不气馁，而是越发勤奋。她的精神感动了主讲教授，破例允许她与男生一样参加毕业考试，她虽然通过了，却得不到正规文凭。

所幸不久，该大学开始允许女生注册学习，诺特以优异成绩成为第一位女数学博士。34 岁，她应著名数学家希尔伯特和克莱因的邀请，来到数学圣地哥廷根大学。希尔伯特十分欣赏她，想帮她在学校找一份正式工作，却遭到歧视妇女的守旧派的阻挠。希尔伯特气愤地说："我简直无法想象候选人的性别竟成了反对她升任讲师的理由。先生们，别忘了这里是大学，而不是洗澡堂！"

她 40 岁那年，由于希尔伯特等人的力荐，终于在清一色的男子世界——哥廷根大学成为"编外教授"，但没有正式工资，她只能从学生交的学费中获得一点薪金来维持简朴的生活。

但诺特并没心灰意冷，而是发愤图强。她发明了著名的诺特定理，指出对称与守恒是一一对应的，每发现一个守恒定律，就可以找到一个对称与之对应，反之亦然。她指出时间的均匀性导致能量守恒、空间的均匀性导致动量守恒、空间的各向同性导致角动量守恒。因为在数学方面的卓越成就，她被誉为"现代数学代数化的伟大先行者"、"抽象代数之母"，爱因斯坦称她为"自妇女接受高等教育以来最杰出的富有创造性的数学天才"。

要对一个隐形的"大家"负责，担心他们嘲笑，讨他们的欢心。DM 弃医从文，做了就做了，并没有谁会拦住她说她不对，所以许多"大家"的压力是自己幻想出来的。

你是自由的，你之所以感到不自由，是因为自己心中的牢笼；人成长的过程，正是一步步突破这个牢笼的过程。

从死亡边缘捡回的宝贝

韦尔总结了人在生与死的边缘所悟到的智慧，而拉曼尔医生在生与死的另一个边缘也有意外的发现，它们同样带来了关于生命的启迪。

为了弄清濒死体验会不会改变一个人，拉曼尔将有无NDE的人进行了详细对比，并追踪他们八年，进行了多次访谈。他的研究表明，有过NDE的人对生活的态度发生了翻天覆地的永久性变化。在他所测量到的十多项具有显著统计学意义的变化中，最大的是更能"因寻常小事而感恩"（"appreciation of ordinary things"）[77]。

这很奇怪，因为这些在生死边缘走过一遭的人有很多理由愤世嫉俗——他们蛮可以想，凭什么疾病就偏偏落在我头上？！他们要应付病痛和医疗费，哪有闲情雅致管那些寻常小事啊，更别说感恩了。从进化论的角度来看，这变化也很不合理，因为它并不能增强人生存繁衍的能力，甚至看不出有什么实际的用途。

但即使没学过生物的人都知道，因寻常小事而感恩，能让人更阳光、积极和快乐。我写这段文字时正值秋天，一丝秋风拂面，一片落叶凋零，多数人都不会注意——他们在忙着看手机，为各种务实的事情奔波。当然也有人会因凉意逼人、冬之将至而哀叹人生苦短。但有过NDE的人会仰望天高云淡，兴高采烈地说"秋高气爽！感谢上天给了我金色的秋天！"他们的心中会因此充满正能量。同一个季节，不同的心情，各异的感受，这样的点点滴滴，铸就了不同的人生。

有时，只要改变一下心态和视角，人的感受就能从暗无天日变成晴空万里。"文革"时，有一位酷爱佛学的女子被剃了阴阳头当众批斗和羞辱，她无法忍受，有了寻死的念头。一位禅门大师当时在场，递上一纸条，女子阅后即豁然开朗，破涕为笑，并安然度过此劫。纸条上仅有七个字："此时正当修行时"。当女子意识到痛苦和磨难是修行的一部分时，顿时觉得经历的一切都理所当然，不再在乎无知者的羞辱。人生有时困难重重，显得山穷水尽，但痛苦总是暂时的，如果把它当成一种修行，就能保持积极乐观的心态，到达柳暗花明。

不同的心态和视角可以赋予同一件事以不同的意义。做雇佣兵对一般人是为金钱当炮灰，对笛卡尔却是免费周游世界；在天文台加夜班对一般人是辛苦煎熬，对赫马森却是遨游奇妙的太空。对整个人生也可以选择不同的心态和视角：你可以认为是被动地来到了人间，生活是在熬过"苦海无涯"；也可以认为是在主动地寻求生命的体验，生命是一次无与伦比的馈赠。究竟是哪种，你有能力选择，因为你有一件整个宇宙都没有的法宝——自主意志。

有过 NDE 的人在生死边缘拾回了一件能源源不断产生阳光和快乐的宝贝，但它并非必须死一次才能得到，如果你想要，今天就可以有。积极心理学家马丁·塞利格曼（Martin E.P. Seligman）发明了一个方法，我改进了一下，亲身试了，非常有用：每天写下或说出当天三件顺利、积极或快乐的事，以及为什么。这些事不分巨细，如"今天天气很好，我散了一会儿步，心情舒畅"，或"中午吃了一直想吃的餐馆，味道不错"。只要每天坚持，连续45天（绝对不能间断），你自然会看到效果。其后是否继续由你自己决定，多数人会选择继续。

每个人的人生都像半杯水，既有满的一半，也有空的一半。这方法把人的注意力集中在满的那一半，通过"重温"快乐顺利的事，将"幻"调节到积极阳光的一面。

有过 NDE 的人从生死边缘拾回的宝贝不止一件，因为濒死体验还会导致另一个显著的变化。

光之灵

"我听见医生说我死了，我漂浮起来，在一个漆黑一团的隧道里穿行。……周围很黑，只是远处有个光点，我越接近它，它就越大……"一位死而复生的患者回忆道 [102]。许多有 NDE 的人都说遇到了一个美丽而温暖的光，一般它开始很微弱，会变得无比明亮，却毫不刺眼。它并非普通的光，而是某种更高级的智慧，被称为"光之灵"（"being of light"）。它会迎接"亡者"，不用语言就能直接和他的意识进行交流，让他沉浸在无限完美的爱和难以言表的愉悦中，并帮助他像回放电影一样回顾一生。

"光之灵"最常问"亡者"的问题之一是："在过去的一辈子里，你学会爱了吗？"这耐人寻味，因为濒死的人在各自的奇幻经历中遇到了同一个"实体"，而且问同一个和死亡、疾病等迫在眉睫的事情无关的问题。如果 NDE 只是幻觉，人体为什么要进化出这样极不"务实"、与生存和繁衍无关的幻觉？

不管"光之灵"是否真的存在，拉曼尔确实发现，NDE 让患者"更有爱和同理心"（"more loving, empathetic"，此处的"loving"指广义的"爱"）[77]。在十多种 NDE 所导致的具有显著统计学意义的变化中，这现象名列第二，仅次于"因寻常小事而感恩"。

这也是件非常奇怪的事，因为这些不幸的人对他人本可以和从前一样，或更冷漠。他们蛮可以想，凭什么别人就不得这倒霉的病？我自顾不暇，哪有精力爱别人啊？但他们没有，而是更爱他人，更容易和他人产生共情。这些被生活"不公平"地给予了病痛的人，这些从生死搏斗勉强生还的人，反而有能力给予他人更多的爱。

对许多人，爱是个很虚的东西。他们只看得见眼前利益，而看不见无形的爱，所以误以为和世界处在一个分离甚至敌对的状态里——我多得到一点，世界就少一点；我少得到一点，世界就多一点。他们误以为，有没有爱，人都照样活，所以和世界进入了一个越来越冰冷的循环。他们的一生，就是冷漠地穿过一个和自己没有关系的世界，这正是他们一辈子都不快乐的原因。

这些人误以为越吝啬就越有钱，但事实并非如此。盖茨和巴菲特是世界上最富有的人中的两位，但他们也是给予最多的——

百华协会给腾冲山区的小学生送书

迄今盖茨捐了近400亿美元，巴菲特捐了350多亿美元，他们计划将绝大部分财富捐给慈善。

我直接认识的成功人士也多有慈善之心。19年前，我联合创建了一个中国生物医疗界领导者的组织，叫做百华协会（BayHelix），近800会员全是业界精英，其中约1/3是各自公司的"一把手"，有几位是亿万富翁。最近四年里，会员们为偏远农村的小学生捐了近500万元买书，为云南腾冲所有小学的每个班级都建了一个图书角，目前正在覆盖四川雅安和甘肃平凉的小学。我相信，这些书能帮助其中一些孩子进入一个仅靠自己的力量无法进入的精彩世界，我自己就是因为小时候读书而到达这个世界的。

成功人士的慈善行为说明，给予是比获得更高层次的追求。这和"我世界"的理念是一致的：人和世界是互补互依的——你爱世界，世界就爱你；你对世界冷漠，世界就对你冷漠。在人性的内核深深地根植着爱的种子——在爱与冷漠之间，人的天性并非"中立"，而是向往着爱。能感知爱，给予爱，是人与生俱来的能力；爱并非世界对人的要求，而是人性自己的选择。

亲爱的读者，我们共同的旅程就要结束了。你翻开这本书的时候，对于宇宙，对于社会，对于历史，只是个微不足道的人；合上它的时候，希望你已经明白，你是唯一的人，没有你，宇宙、社会、历史连存在都谈不上。你活得再惨，都比没有生命的东西强。你每活一天，就享有一天"主人"的特权，只有你知道要到哪里去，只有你能赋予生命以意义。

我想说服你做三件事：其一，牢记自己很重要，世界是围着你转的，不要相信任何人说你是"碰巧"发生的，只不过是世界的过客；其二，活出真正的自我，独立思想，不要屈服于他人的压力，即使是最亲密的人，绝对不能把生命的方向盘交给他人；其三，用阳光和爱面对世界——在你人性的内核深处已经埋藏了阳光和爱的种子，你只需要滋润它，让它生长发芽。如果你能做到这三件事，就会拥有一个全然不同的人生。

愿你尽情感受生命的百味；愿你到生命终结时回想起这本书，庆幸翻开了它。

鸣谢

　　首先我要感谢妻子杨悦，没有她的支持和鼓励，我是无法写出这本书的。她永远是我的第一个读者。这本书成文时，正是女儿王思晴出生前后，她先是挺着大肚子，后来一边照顾婴儿，一边一字一句地读稿、改稿。她也是我的思想的第一个听众，几乎每天都要"忍受"我喋喋不休地谈宇宙、哲学和宗教，她总能给我直白、真实的反馈，引发我更深入地思考。

　　我也要感谢金城出版社总编辑潘涛老师。他和我是因我的上一本书《我·世界——摆在眼前的秘密》结识的，是我难得的知音。身为北大哲学博士，又具备深厚的生物、物理、数学造诣，他对我的思想不仅理解，而且能挑战，给了我许多非常有见地的指导和意见。

　　我还由衷感谢中信出版集团股份有限公司施宏俊先生。作为一位独具慧眼的出版人，他和我的每一次交流都像是一场"思想风暴"，他激励我不断挑战现有的稿子，提升眼界，加深思想深度。

　　我特别感谢《科普时报》总编辑尹传红先生，他在百忙之中给予我无私的帮助和指导，并盛情邀请我就书中思想在《科普时报》撰写专栏。

我非常感谢厦门大学智能科学与技术系教授周昌乐先生，他运用渊博的国学知识和深厚的哲学素养为本书撰写了精彩的序言，他让我的思想得以升华。

我还想感谢资深媒体人、前华文天下总编辑杨文轩先生。他是我的良师益友，我之所以走上科学哲学写作这条路，最初是因为他的引导和鼓励，他对我两本书的稿子都提出了诸多宝贵意见。

其他许多朋友，如中国发展出版社编辑马英华、作家王增伟、金融头条主编和斌斌、起点创业投资基金创始合伙人查立、电子工业出版社策划编辑吴源等，都在多方面对这本书提供了帮助，我在此对他们表示诚挚的感谢。

光子其他著作

《我·世界——摆在眼前的秘密》

　　《我·世界——摆在眼前的秘密》是本书的姊妹篇，这两本书的内容有许多相关性，互为佐证。《我·世界》以科学新知为基础，结合哲学、宗教思想，层层拆解了传统的世界观和人生观，提出了"我世界"的崭新世界观。它用简练、幽默的笔触，融合了作者丰富的生命体验，展现了一个常人视而不见但又精彩绝伦的世界。

注释

1　这个故事，以及本书中许多其他故事，是依据历史记录写成的。其人物、年代及主要过程和结论是真实的，但具体细节多为虚构。

2　《列子·汤问》，列御寇著。列御寇（约公元前 450 年—前 375 年），战国前期道家代表人物，后人尊称他为"列子"，华夏族，周朝郑国圃田（今河南省郑州市）人，古帝王列山氏之后。

3　黄金分割的准确比例是（$\sqrt{5}$ +1):2，近似值是 1.62:1。它的计算属于中学内容，很容易找到相关资料，此处就不赘述了。

4　我有这张照片的版权，因为她是我的妻子杨悦。这本书也凝结着她的心血，她是我的第一个读者和评论家。

5　《道德经》又称《道德真经》《老子》《五千言》《老子五千文》，分《道经》和《德经》上下两篇。

6　Wallin, Nils-Bertil (19 November 2002). *"The History of Zero"*. YaleGlobal online. The Whitney and Betty Macmillan Center for International and Area Studies at Yale.

7　两千多年后（1521 年），葡萄牙航海家麦哲仑（Ferdinand Magellan，1480 —1521）所领导的环球航行才证明大地确实是球形的。

8　根据勾股定理算出。$1/\sqrt{2}$ =0.7071…，是无理数。

9　为了便于比较，在此处把夸父的世界计算成了一个 4 000 公里半径的球形。

10　张衡，东汉，《灵宪》。

11　当时科学这个词还未出现，研究科学的人被称为哲学家。

12　哥白尼（1543），《天球运行论》。

13　许多后来的翻译家们想当然地把"orbium"翻译成了"天体"，《天球运行论》也就被长期误译成了《天体运行论》。

14　牛顿（1687），《自然哲学的数学原理》（拉丁文：*Philosophiae Naturalis Principia Mathematica*）。

15 此故事是根据一些线索虚构的。胡克的画像、收藏和遗迹确实是在此次搬迁中"丢失"的，但并无确凿证据证明就是如文中所述那样发生的。

16 他是否是真正意义上的逃兵，在历史学家间尚有争论，但这一点已不重要——如果不当逃兵意味着一个 19 岁的音乐少年要在无聊的战争中当炮灰，那当逃兵也许是正确的选择。

17 Simon Singh (2005), *Big Bang*, Harper Perennial, London.

18 Elizabeth Howell (2015), "How Big Is The Milky Way?" *Universe Today.*

19 2018 年，由西班牙加纳利天体物理研究所和中国国家天文台科研人员组成的团队利用郭守敬望远镜（LAMOST）的数据和其他相关数据研究发现，银河系的半径可能不止 5 万光年，也许大到约 10 万光年。之所以不确定，是因为它的边缘并非"清晰整齐"的，人类在越来越远处发现了零星的恒星。

20 摘自 1934 年 4 月 26 日的《泰晤士报》。

21 当然，人类比蚂蚁有一种优越感，自认为是智慧生物，统治着地球。但无论从个体数、所有个体的总质量、还是存在的久远程度来说，人类都远不如蚂蚁。相对于宇宙这么巨大的尺寸，人类和蚂蚁处于类似的微不足道的地位。

22 英文"Nowhere"的音译，也就是说这故事是编造的，但其背后的科学原理却是真实的。

23 此处必须以仲裁人为参照系（不能用黑屋子做参照系），才能弄清他眼里看到的先后顺序。

24 此处始终以甲为参照系。

25 根据狭义相对论时间膨胀公式 $t'=t/(1-v^2/c^2)^{\frac{1}{2}}$ 算出。

26 Klotz, Irene (March 3, 2016), "Hubble Spies Most Distant, Oldest Galaxy Ever". *Discovery News.*

27 此处"逃逸的速度"只是为了便于描述而采用的"近似"说法。宇宙的边缘并非一个物体，所以此处不是说某物体的速度大于光速。

28 Luminet et al (2003), Nature 425, 593–595.

29 因为人类对世界的认知是渐进的，每个年代的人对世界究竟有多大往往含糊其辞，所以此处的数值只是为了体现一个趋势，并非精准的数值。

30 此处把宇宙近似地想象成一个球体。

31 《庄子·内篇·养生主第三》。

32 朗之万著名的原因之一，是因为有妇之夫的他与他的师母，比他年长五岁的居里夫人有过一段被巴黎媒体炒得沸沸扬扬的风流韵事。

33 Moore, Walter J (1992), *Schrödinger: Life and Thought*. Cambridge University

Press.

34 John Gribbin (2013), *Erwin Schrödinger and the Quantum Revolution*, Wiley Press.

35 薛定谔方程有多种形式，此处仅是其中一种。

36 波函数一般是空间和时间的函数，在数学上可以一般性地表述为 Ψ=Ψ（x,y, z，t）。Ψ*Ψ 是粒子的概率密度，即在时刻 t，在点（x,y,z）附近单位体积内发现该粒子的概率。

37 光子（2007），《我・世界——摆在眼前的秘密》，中国发展出版社。

38 此处只是个比喻——将微观世界"放大"了以便更容易描述。如果用普通机关枪和子弹做实验，因为子弹的质量很大，其波动性太微小，我们只能观察到它们的粒子性。

39 此处的"冰"只是对微观粒子的比喻，宏观的冰并没有这种效应，除非你太心急，巴望着冰化，从而导致你对时间的感受变慢。

40 根据西晋史学家陈寿所著的《三国志》。

41 此处是该实验的高度简化版，只描述了基本原理，省略了技术细节。此实验已成为经典实验，你若有兴趣，很容易找到大量信息。

42 Ouroboros 这个名字起源于希腊语，意思是"吃尾巴者"。这个符号象征着宇宙的周期性。

43 请注意，这和所谓"轮回"不是一回事，因为轮回中每一世的经历应该是不一样的（上一世是狗，这一世是人），但在我们所假想的"时间圆环"中，每次的经历都是一样的。

44 Einstein, A; B Podolsky; N Rosen (1935), *"Can Quantum-Mechanical Description of Physical Reality be Considered Complete?" Physical Review,* Vol. 47, Iss. 2, pp. 777–780.

45 动量等于质量乘以速度，所以质量越大、速度越快的物体动量就越大。而且动量和速度一样，是有方向性的。

46 此处假定这个东西的质量是可以被确定的，所以动量（质量乘以速度）测不准，就等同于速度测不准。

47 光的偏振是指光波电矢量振动的空间分布对于光的传播方向失去对称性的现象。

48 A. Aspect, P. Grangier, and G. Roger (1982), *Experimental Realization of Einstein-Podolsky-Rosen-Bohm Gedankenexperiment: A New Violation of Bell's Inequalities, Physical Review Letters,* Vol. 49, Iss. 2, pp. 91–94.

49 此处基于测不准原理的"推广版"，人类发现不止位置和动量，有许多其他成对的物理量，如电子在两个垂直方向上的自旋，是无法同时被精确测量的。

50　Griffiths, David J. (2004), *Introduction to Quantum Mechanics* (2nd ed.), Prentice Hall.

51　Laloe, Franck (2012), *Do We Really Understand Quantum Mechanics*, Cambridge University Press.

52　维格纳—诺依曼诠释是诸多解释量子现象的理论之一。维格纳到了晚年想法有所改变，但为了方便描述，让我们还是沿用这个叫法吧。

53　薛定谔（2007），《生命是什么》，湖南科学技术出版社。

54　据公元前 1500 年—前 600 年左右问世的《吠陀经》。"梵"（Brahmā）是世界的最高实体和一切事物的主宰，而"幻"（māyā）是幻像、幻术的意思。

55　《奥义书》是《吠陀经》的分支，共计 108 部哲学论著。《奥义书》的梵文是 Upanisad，意指"坐近来"，引申为"为了获得超然的吠陀大智，弟子坐到灵性导师身边。"

56　吠檀多是印度六派哲学中最强大的一派。"吠檀多"意为"《吠陀》之终极"，原指《吠陀》末尾所说的《奥义书》，后来逐渐演变为教派的名称。

57　《般若波罗蜜多心经》。

58　巴门尼德的主要著作是用韵文写成的《论自然》，可惜多已失传，只剩下残篇。

59　薛定谔（2015），《自然与希腊人》，商务印书馆。

60　比特（bit）是信息量单位，也是二进制数字中的位。

61　Stephen Gaukroger (1995), *Descartes: An Intellectual Biography*. Oxford University Press, Chapter 3.

62　线粒体（mitochondrion）是一种细胞器，存在于大多数细胞中，有两层膜，直径一般约 0.5—1.0 微米，是细胞进行有氧呼吸产生能量的主要场所。

63　Aebersold, Paul C. (1953), *Radioisotopes — New keys to knowledge*, Smithsonian Institute.

64　这问题是被罗马帝国时代的希腊作家、哲学家、历史学家普鲁塔克（Plutarch，约公元 46 年—120 年）提出来的。

65　Lewin, R. (1980), Is your brain really necessary? *Science*, 210, pp. 1232–1234.

66　Van Lommel, P. (2013), Nonlocal Consciousness：A concept based on scientific research on near-death experiences during cardiac arrest. *Journal of Consciousness Studies*, 20, No. 1-2: 7-48.

67　Fox, Kieran C.R.; Nijeboer, Savannah; Dixon, Matthew L.; Floman, James L.;

Ellamil, Melissa; Rumak, Samuel P.; Sedlmeier, Peter; Christoff, Kalina (2014), "Is meditation associated with altered brain structure? A systematic review and meta-analysis of morphometric neuroimaging in meditation practitioners". *Neuroscience & Biobehavioral Reviews*. 43: 48–73.

68 Pagnoni G, Cekic M (2007), "Age effects on gray matter volume and attentional performance in Zen meditation". *Neurobiology of Aging*. 28 (10): 1623–1627.

69 Grant, J. A.; Rainville, P. (2009), "Pain Sensitivity and Analgesic Effects of Mindful States in Zen Meditators: A Cross-Sectional Study". *Psychosomatic Medicine*. 71 (1): 106–114.

70 Grant, Joshua A.; Courtemanche, Jérôme; Rainville, Pierre (2011), "A non-elaborative mental stance and decoupling of executive and pain-related cortices predicts low pain sensitivity in Zen meditators". *Pain*. 152 (1): 150–156.

71 Mayberg, H.S., Silva, J.A., Brannan, S.K., Tekell, J.L.,Mahurin, R.K., McGinnis, S. & Jerabek, P.A. (2002), The functional neuroanatomy of the placebo effect, *American Journal of Psychiatry*, 159, pp. 728–737.

72 Wager, T.D., Rilling, J.K., Smith, E.E., Sokolik, A., Casey, K.L., Davidson, R.J., Kosslyn, S.M., Rose, R.M. & Cohen, J.D. (2004), Placebo-induced changes in fMRI in the anticipation and experience of pain, *Science*, 303, pp. 1162–1167.

73 Benedetti, F., Mayberg, H.S., Wager, T.D., Stohler, C.S. & Zubieta, J.K. (2005), Neurobiological mechanisms of the placebo effect, *The Journal of Neuroscience*, 25 (45), pp. 10390–10402.

74 《身边的科学·人体和奥秘》编委会（2010），《解密催眠术》，京华出版社。

75 Poul Thorsen, *Die Hypnose in Dienste der Menschheit*, Bauer-Verlag, Freiburg-Haslach, (1960), pp. 52–53.

76 Ritchie, G.G. (1978), *Return from Tomorrow*, Grand Rapids.

77 Van Lommel P, van Wees R, Meyers V, Elfferich I. (2001), "Near-Death Experience in Survivors of Cardiac Arrest: A prospective Study in the Netherlands," *The Lancet*, December 15; 358 (9298):2039–2045.

78 Holden, Janice Miner; Greyson, Bruce; James, Debbie, eds. (2009), "The Field of Near-Death Studies: Past, Present and Future". *The Handbook of Near-Death Experiences: Thirty Years of Investigation*. Greenwood Publishing Group. pp. 1–16.

79 Zingrone, NL (2009), "*Pleasurable Western adult near-death experiences: features,*

circumstances, and incidence." (In: Holden JM, Greyson B, James D, editors. The Handbook of Near-Death Experiences: Thirty Years of Investigation.) (2009 ed.). SantaBarbara, CA: Praeger/ABC-CLIO. pp. 17–40.

80 Greyson, Bruce (2014), "*Chapter 12: Near-Death Experiences*". *In Cardeña, Etzel; Lynn, Steven Jay; Krippner, Stanley. Varieties of anomalous experience: examining the scientific evidence* (Second edition). Washington, D.C.: American Psychological Association. pp. 333–367.

81 Bruce, Greyson (2007), "Consistency of near-death experience accounts over two decades: are reports embellished over time?". *Resuscitation*. 73: 407–411.

82 Parnia, Sam (2017), "Understanding the cognitive experience of death and the near-death experience." *QJM: An International Journal of Medicine*. 110(2): 67–69.

83 Parnia, Sam (2014), "Death and consciousness—an overview of the mental and cognitive experience of death." *Annals of the New York Academy of Sciences*. 1330: 75–93.

84 Ring, K. (1997), "Near-Death and Out-of-Body Experiences in the Blind: A Study of Apparent Eyeless Vision", *Journal of Near-Death Studies*, 16(12).

85 薛定谔（1964），《我的世界观》（英译本），剑桥大学出版社。

86 在印度教中是一个神圣的符号，它具有宇宙及永恒的含义，是印度教本质的象征。

87 明贤法师（2015），《佛教世界观》，华文出版社。

88 亦称"雍仲"吉祥符。在汉语中，该符号读作"万"；在藏语中，读作"雍仲"（"雍"是胜义无生，和谐永恒的象征，就是诸法的空性与真谛；"仲"是世俗无灭的意思）。"卐"代表吉祥，是佛祖的心印。

89 庄子，《齐物论》。

90 Tim Folger（2002），Does the Universe Exist if We're Not Looking? *Discover Magazine*.

91 意思是：我所说的佛法就像一条船，其作用不过是渡你到彼岸，到了彼岸你要将它舍弃。连我的佛法尚要舍弃，更何况那些不是佛法的东西呢？

92 Weinberger, et al (2017), Trends in depression prevalence in the USA from 2005 to 2015: widening disparities in vulnerable groups, Psychological Medicine, Published online: 12 October 2017.

93 Michio Kaku, Jennifer Trainer Thompson (1997), *Beyond Einstein: The Cosmic*

Quest for the Theory of the Universe, Oxford University Press.

94 所有物质都可以根据爱因斯坦的质能方程 E=M*c² 转化成能量。

95 Jay M. Pasachoff and Alex Filippenko (2001), *The Cosmos: Astronomy in the New Millennium*, 1st edition.

96 Stephen Hawking (1986), "If There's an Edge to the Universe, There Must Be a God" (interview), in Renée Weber, Dialogues with Scientists and Sages: The Search for Unity.

97 Edward P. Tryon (1973), "Is the Universe a Vacuum Fluctuation?", *Nature*, vol. 246, p.396–397.

98 不确定性原理允许在全空的空间中随机地产生少许能量，前提是该能量在短时间内复归消失。能量越大，存在的时间越短——就像一个平静的湖里可以有波浪，但浪越高，在空中停留的时间就越短，反之亦然。宇宙的"虚拟"能量非常接近于零，以至于其寿命极长。

99 此处只是说有今天的科学尚未理解的机制在起作用，而不是说某个长着人或动物身体、会说人话的神创造了你和世界，所以请勿把"我世界"和宗教迷信或唯心主义混为一谈。

100 由逻辑学家、基督教修士奥卡姆的威廉（William of Occam，约1285—1349）提出。

101 须弥山（梵语: Sumeru，又译为苏迷嚧、苏迷卢山、弥楼山、妙光山，是宝山、妙高山的意思）最初出自婆罗门教，后为佛教所采用，指一座位于世界中心的山。

102 Raymond A. Moody (2015), *Life after Life*, HarperCollins Publishers.